AF572840

Kilian T. Elsasser

BAHNEN UNTER STROM

Die Elektrifizierung der Schweizer Eisenbahnen

Stämpfli Verlag

Der Triebwagen Ce 2/4 701 (MFO, SAAS, SIG, SLM) der SBB von 1938. Die Stiftung Flèche du Jura wollte eine bessere Anbindung von La Chaux-de-Fonds nach Neuenburg und Biel. Sie finanzierte einen Teil der Kosten des Triebwagens nach dem Vorbild des «Blauen Pfeils» der BLS.

Inhalt

Der Zahnrad-Triebwagen Bhe 2/4 1 der Vitznau-Rigi-Bahn (VRB) von 1937 (BBC, SLM). Mit Unterstützung des Bundes elektrifizierte die Bahn die Strecke von Vitznau auf die Rigi als Arbeitsbeschaffungsmassnahme.

Vorwort

Wer mit dem Zug die Gotthardnordrampe hinauffährt, dem entgeht das imposante Hochdruck-Laufwasserkraftwerk der Schweizerischen Bundesbahnen (SBB) in Amsteg nicht. Die eindrücklichen Druckleitungen sind unübersehbar. Vom Wasserschloss oberhalb Bristen fällt das Wasser 280 Meter in die Tiefe und treibt die Pelton-Turbinen der Zentrale in Amsteg an. Der produzierte Strom (15 kV/16⅔ Hz) fliesst ins Stromnetz der SBB.

Das 1923 in Betrieb genommene Bauwerk ist ein Zeuge der Vergangenheit, welches für das Bestreben der SBB nach autonomer Stromproduktion steht. Die rasche Elektrifizierung des Eisenbahnnetzes in der Zeit nach dem Ersten Weltkrieg ermöglichte es, die wachsenden Transportbedürfnisse zu befriedigen. Im Dokumentationszentrum im Verkehrshaus der Schweiz in Luzern befindet sich ein wenig bekannter Schatz, der die Elektrifizierung der Schweizer Bahnen von den Anfängen bis ins Jahr 1950 dokumentiert.

Die einzigartige Sammlung von 7800 Glasnegativen und -diapositiven stammt von privaten Sammlern und von Schweizer Industriefirmen. Die Aufnahmen sind Zeugnisse der Werkfotografen, die bis in die 1980er-Jahre in jeder grossen Firma angestellt waren. Sie dokumentierten akribisch die Entwicklung der elektrischen Schienenfahrzeuge.

Als begeisterter Fotograf weiss ich, was es braucht, um das perfekte Bild zu schiessen. Die Einstellungen für Blende, Belichtungszeit und Schärfe müssen stimmen, damit ausgeglichene Tonwerte entstehen. Mit der Digitalfotografie gibt es dafür inzwischen elektronische Unterstützung. Früher war das analoge Fotografieren ein echtes Handwerk. Die Fotos der Glasnegativsammlung der ehemaligen Badener Fabrik Brown, Boveri & Cie. (BBC) und der Maschinenfabrik Oerlikon (MFO) sind nüchtern und sachlich gehalten, sind wissenschaftlich seriös und solid.

Das vorliegende Buch gibt Einblicke in ein wichtiges Kapitel Eisenbahngeschichte. Die vom Autor sorgfältig ausgewählten Bilder zeigen die Vielfalt der Schweizer Bahngesellschaften und deren Streckennetz. Eine Augenweide für Bahn- und Technikfans.

Martin Bütikofer ist seit 2011 als Direktor des Verkehrshauses der Schweiz für die Weiterentwicklung der schweizweit grössten und meistbesuchten Plattform rund um das Thema Mobilität verantwortlich. Zudem ist er in verschiedenen Unternehmen des öffentlichen Verkehrs und des Tourismus als Verwaltungsrat tätig.

Einführung

Die Elektrifizierung der Eisenbahnen der Schweiz ist eine unumstrittene und identitätsbildende Erfolgsgeschichte. Deren Höhepunkt ist die Elektrifizierung der Gotthardlinie und des gesamten Streckennetzes der Schweizerischen Bundesbahnen (SBB). Mit diesem Effort hat die Schweiz und ihre Eisenbahnen aus der «schwarzen» Kohlenot eine «weisse» Kohletugend gemacht. Diese Sicht wurde erst im Zweiten Weltkrieg zum Mythos. Die 1902 gegründeten SBB waren vorerst mit der Integration der fünf Privatbahnen in eine einheitlich strukturierte Bahngesellschaft beschäftigt. Sie waren nicht gewillt, mit der Elektrifizierung vorzupreschen. Dieses Abwarten wurde auch erleichtert, weil sich die beiden wichtigsten Elektrounternehmen, die Brown, Boveri & Cie. (BBC) in Baden und die Maschinenfabrik Oerlikon (MFO), nicht auf ein Stromsystem einigten. Ein erster Meinungsumschwung brachte die 1913 eröffnete Lötschberglinie. Anhand dieser wurde gezeigt, dass eine Hochleistungslinie erfolgreich mit Einphasenwechselstrom, dem MFO-System, betrieben werden konnte. Während des Ersten Weltkriegs verteuerte sich die Kohle so stark, dass die Elektrifizierung eine neue Dringlichkeit bekam. Die Politik argumentierte volkswirtschaftlich. Kosten und Risiken einer Elektrifizierung der Gotthardbahn und des gesamten Netzes der SBB traten in den Hintergrund. Während der Wirtschaftskrise der 1930er-Jahren begann die Kritik an der Elektrifizierung anzuwachsen. Die grosse Verschuldung der SBB, der Abbau von Arbeitsplätzen bei der Bahn und die nicht genutzten, aber stark vergrösserten Kapazitäten wurden moniert. Im Zweiten Weltkrieg verstummte jegliche Kritik. Die Bahnen konnten nun auch ohne ausländische Energie ihre Transportaufgaben erfüllen und machten die elektrifizierte Eisenbahn endgültig zum Mythos der mit schweizerischer Energie betriebenen Bahn. Die Schweiz benutzte sogar ein eigenes Wort für die Elektrifizierung. In Fachkreisen wird sie im Unterschied zum übrigen deutschsprachigen Raum manchmal immer noch Elektrifikation genannt.

Vergessen geht, dass die Elektrifizierung der SBB eine 40-jährige Vorgeschichte hat. Wichtige Eckwerte waren die Entwicklung eines funktionstüchtigen Generators 1866 und der ersten elektrischen Bahn in Berlin 1879 von Werner von Siemens. Charles Brown realisierte im Auftrag des Industriellen Joseph Müller-Haiber (1834–1894) eine der ersten Stromleitungen weltweit. Sie verband das Wasserkraftwerk in Kriegstetten mit Müllers Schraubenfabrik in Solothurn. Die Allgemeine Electricitätsgesellschaft (AEG) und die MFO mit dem Firmengründer Emil Huber-Werdmüller (1836–1915) sowie dem technischen Direktor Charles Eugene Lancelot Brown (1863–1924) bewiesen mit der Konstruktion der 176 Kilometer langen Stromleitung vom Kraftwerk in Lauffen am Neckar zur Internationalen Elektrotechnischen Ausstellung in Frankfurt am Main, dass Strom über weite Distanzen transportiert werden konnte. Als Zeichen des Potentials der neuen Energieform trieb der Strom einen künstlichen Wasserfall an. Schweizerische Nobelhotels wie das Hotel Kulm in St. Moritz waren Pioniere in der Nutzung der elektrischen Energie. Es installierte 1879 als neuste Attraktion elektrisches Licht. Die elektrische Beleuchtung wurde einer staunenden Öffentlichkeit erstmals an der Landesausstellung 1883 in Zürich präsentiert.[1] In den 1890er-Jahren wurden Strassenbahnen zu Beispielen, wie eine elektrische Blackbox fast lautlos und mit kleinen Handbewegungen des Führers kraftvoll durch die Strassen fuhr.

Die schweizerische Elektroindustrie gehörte zu den Pionieren, wenn es um die Entwicklung dieses neuen Industriebereichs ging, und musste nicht wie die Dampflokomotivindustrie einem Rückstand von 25 Jahren Entwicklungs- und Verkaufserfolg hinterherrennen. Erst in der zweiten Hälfte des 19. Jahrhunderts hatte sich in der Schweiz langsam eine leistungsfähige Lokomotivindustrie entwickelt, die sich auf Nischenprodukte wie Dampftramlokomotiven und Bergbahnen konzentrierte. Nicht zufälligerweise lieferte die schweizerische Lokomotiv- und Maschinenfabrik (SLM) in Winterthur 1871 als Erstes eine Lokomotive für die Vitznau-Rigi-Bahn aus. Wenigstens bei den Bergbahnen konnte die Lokomotivindustrie nicht nur einheimische Bedürfnisse decken, sondern ihre Produkte in die ganze Welt exportieren. Die meisten Bergbahnen der Welt werden heute noch mit einem der vier in der Schweiz entwickelten Zahnradsysteme angetrieben.

Erstaunlicherweise konnte die schweizerische Elektroindustrie bis zum Ende des 20. Jahrhunderts bei der Entwicklung neuer Produkte mit der Industrie der grossen Nationen wie Deutschland und der USA mithalten. Für die neu entstandene Elektroindustrie war der schweizerische Markt von grosser Bedeutung und das Sprungbrett für den erfolgreichen Export. Die nötige Wasserkraft war vorhanden. Es existierte keine Kohleindustrie, die die Wasserkraft konkurrenzieren konnte. Die Industrie lieferte die Installationen für zahlreiche Kraftwerke und war interessiert, dass auch die Verbraucher wie die Industrie, die Privathaushalte und die Bahnen auf elektrische Energie umstellten. Nach langem Zögern begannen die Banken Ende des 19. Jahrhunderts, den Finanzbedarf der Elektrizitätswirtschaft für Investitionen in Kraftwerke abzudecken. Zudem investierten die Städte im grossen Stil in die kommunalen Verteilnetze. Das Recht des Bürgers und der Bürgerin auf Strom bewirkte massive Strompreissenkungen, erhöhte den Konsum und förderte den Kauf von elektrischen Haushaltsgeräten, der den Bau von weiteren Kraftwerken nötig machte.[2]

Bei den Bahnen setzte die Elektrifizierung der zahlreichen Nebenbahnen und städtischen Trams den Anfang. Von 1888 bis zum Ersten Weltkrieg hatte der Betrieb mit Strom trotz der höheren Anfangsinvestitionen im Vergleich zum Betrieb mit Dampf, mit Druckluft oder sogar mit Pferden grosse technische Vorteile. Die elektrischen Triebfahrzeuge waren im Vergleich zu Dampflokomotiven unterhaltsarm und einfach gebaut. Deren Betrieb brauchte weniger Personal. Sie schleppten den Kraftstoff nicht mit und produzierten die benötigte Energie nicht vor Ort, sondern verwandelten die in Kraftwerken produzierte Energie in Bewegung um. Die Energieeffizienz und die Leistungsfähigkeit waren im Vergleich zu den anderen Antriebsarten bedeutend höher. Vor allem in den Städten wehrte sich die Bevölkerung zudem vehement gegen die Emissionen der Dampftrams.

Im Folgenden werden in groben Zügen die wirtschaftlichen und politischen Hintergründe der Elektrifizierung sowie die technische Entwicklung des Rollmaterials von den Anfängen bis 1950 geschildert. Basis dafür sind die im Verkehrshaus erhalten gebliebenen Glasnegative der BBC und der MFO, die die Produktion und die Inbetriebnahme vor Ort mit den hochwertigen Fotos dokumentieren. Einige Beispiele von Bildern der Société Anonyme des Ateliers de Sécheron (SAAS) ergänzen den Überblick.

Die Lokomotive He 2/2 der Chemin de fer Bex–Gryon–Villars–Chesières (BGVC) von 1912 (MFO, SLM) wurde mit Gleichstrom betrieben. Ab Villars fuhr die Bahn mit Zahnrad und erschloss eine Tourismusregion.

Der Betrieb des Triebwagens Ce 2/4 783 der BLS von 1910 (MFO, Siemens-Schuckert, SWS) erfolgte mit Einphasenwechselstrom. Angestellte zogen den Triebwagen mit Umlenkrollen aus dem Depot in Spiez.

SBB-Lokomotiven Ce 6/8^{II} «Krokodil» ab 1919 (MFO, SLM) wurden mit Einphasenwechselstrom betrieben. Das Krokodil war eine der wenigen Lokomotiven, deren Übername über die Fachwelt hinaus bekannt wurde.

Der Triebwagen BCe 4/4 30 der Appenzeller Bahn (AB) von 1939 (MFO, SIG) war ein Gleichstrom-Fahrzeug. Der Fotograf inszenierte die Eröffnungsfahrt mit einer Appenzeller Trachtengruppe.

Derselbe Triebwagen der AB diesmal auf offener Strecke. Hier traf modernste Technik auf ländliche Tradition. Der Werkfotograf inszenierte den Zug gekonnt in der Appenzeller Landschaft.

Von den Anfängen

Das erste elektrische Schienenfahrzeug in der Schweiz fuhr von der Industriestadt Vevey über das Tourismuszentrum Montreux zum Schloss Chillon. Dessen Vorgeschichte liegt in den 1870er-Jahren. Damals reichte ein Initiativkomitee ein Gesuch für die Konzessionierung eines Drucklufttrams ein. 1881 liess es sich an der Weltausstellung in Paris vom elektrischen Tram mit Oberleitung von Siemens und der von Edison präsentierten elektrischen Beleuchtung begeistern. Das Komitee entwickelte ein neues bestechendes Konzept. Der Strom des zu bauenden Kraftwerks sollte während des Tages das Tram betreiben und am Abend die Strassen und die Nobelhotels beleuchten. So konnte die weltbekannte Tourismusregion ihren internationalen Gästen gleichzeitig zwei neue komfortsteigernde Attraktionen bieten. Das erste elektrische Tram mit einer Spurweite von einem Meter nahm 1888 den Betrieb auf. Die Wagen verfügten über eine begehbare Aussichtsplattform auf dem Dach des Wagens. Die Überlandbahn mit einer Länge von knapp neun Kilometern kannte keine fixen Haltestellen und hielt überall, wo die Gäste der zahlreichen Nobelhotels ein- oder austeigen wollten. Die Kontrolleure waren angehalten, die Fahrt möglichst angenehm zu gestalten und den Passagieren beim Ein- und Aussteigen behilflich zu sein. Die zwölf zweiachsigen Wagen baute die Schweizerische Industriegesellschaft (SIG) in Neuhausen, die Motoren die Companie Eléctrique vor Ort.[3] Der Verweis im Ausstellungskatalog der «Exposition Cantonale Vaudoise» verwies stolz auf die Pionierleistung, die grossen Eindruck gemacht haben muss: «Un tramway a été construit. De superbe voitures circulent rapidement, comme douées d'une puissance surnaturelle; pas de chevaux, pas de locomotives lançant des bouffées de fumée noirâtre, rien de semblable.»[4]

Die entscheidenden Impulse für die Verbreitung elektrischer Strassen- und Überlandbahnen kamen aus den USA, wo schon 1892 gegen 10 000 Kilometer elektrische Bahnen in Betrieb waren. Dort hatte der belgischstämmige Industrielle Charles Van Depoele (1846–1892) den Rollenstromabnehmer entwickelt, mit dem die Stromabnahme aus der Fahrleitung sicher funktionierte. Frank J. Sprague (1857–1934), ein Mitarbeiter von Thomas Alva Edison (1847–1931), baute einen leistungsfähigen, pannenfrei funktionierenden Tatzlagermotor, der an einem Ende auf der Radachse auflag und auf der anderen Seite am gefederten Wagenkasten aufgehängt war.[5] 1888, in dieser Pionierphase, hielt sich auch der junge Schweizer Ingenieur Emil Huber (1865–1939), ein Sohn des Gründers der MFO, in den USA auf. Es soll ihn beeindruckt haben, wie die elektrischen Trams in Richmond die Hügel schnell und mühelos überwanden und gab ihm die entscheidenden Impulse, in der Schweiz den elektrischen Betrieb von Eisenbahnen weiterzuentwickeln.[6]

Die Zeit bis zum Ersten Weltkrieg wurde hierzulande zur Gründungsepoche der elektrischen Trambahnen. Die MFO baute 1891 die Meterspurbahnen Sissach-Gelterkinden und Grütschalp-Mürren. Den Motor baute die MFO mit einer Lizenz von Sprague. Beide Bahnen setzten kurze, zweiachsige Lokomotiven ein, die Güter- und Personenwagen ziehen konnten. 1894 nahmen in Genf, das damals das grösste Tramnetz der Schweiz hatte, und in Zürich elektrische Trams den Betrieb auf. Ein Jahr später folgte Basel. Lausanne, Neuenburg und Lugano eröffneten 1896 elektrische Tramlinien. Kurz darauf folgten St. Gallen, Fribourg, La Chaux-de-Fonds, Winterthur und Luzern. Bei der Einführung des Trams in Luzern um 1900 stand beispielsweise nicht mehr die Systemwahl Dampf, Druckluft oder Elektrizität zur Diskussion, sondern die negative visuelle Erscheinung der Fahrleitung auf der Tourismusmeile vom Bahnhof bis zum Hotel National. Als Lösung fasste man ins Auge, eine unterirdische Fahrleitung zu installieren, die aber nicht gebaut wurde.[7] Für die von der Stadt betriebene Trambahn Luzern war es auch wichtig, dass diese ihre Energie vom Kraftwerk Rathausen bezog, das damit einen wichtigen Kunden gewann, und dass die Wertschöpfung in der Region stattfand. Die meisten Tram- und Überlandbahnen wurden mit Gleichstrom betrieben. Dieser hatte den Vorteil, dass der Motorwagen keinen Transformator brauchte und der Motor sehr einfach konstruiert werden konnte. Nachteil war, dass die Spannung begrenzt war und ohne zusätzliche Einspeisepunkte nur Strecken von einigen Kilometern Länge betrieben werden konnten. Diese Tramlinien mit den kurzen, zweiachsigen Motorwagen mit einer Länge von einigen Metern dienten in einer ersten Phase dem Luxus- und Freizeitverkehr. So fuhren wohlhabende Passagiere ins Grüne oder von einem gutsituierten Wohnquartier ins Stadtzentrum.

Die um 1900 eingeführten Tramnetze wurden während des grössten Bevölkerungswachstums der Schweizer Städte erstellt. Die enorme Verdichtung der Städte und die funktionale Trennung von Arbeits- und Wohnort führten zu einer Erschliessung der nahen Umgebung.[8] Pionier beim Wandel vom Luxusverkehr zum Massentransport waren die Tramways de Neuchâtel (TN). 1895 transportierten die beiden Linien in Neuenburg rund eine Million Fahrgäste. 1903 zählten die TN schon drei Millionen Fahrgäste. Fast die Hälfte der verkauften Billette waren Abonnemente. Sichtbarer Ausdruck des Erfolgs waren die vierachsigen Tramwagen, die auf der Überlandstrecke nach Boudry zum Einsatz kamen. Diese nahmen die spätere Entwicklung zum Grossraumwagen mit geschlossenen Einstiegsplattformen voraus.[9] In den grösseren Städten übernahm bald die öffentliche Hand die verschiedenen, privat geführten Tramlinien. Auslösendes Element der Kommunalisierung war die Zurückhaltung der privaten Tramunternehmen, ihr Liniennetz auszudehnen, Tarifvergünstigungen anzubieten oder die Elektrifizierung mit eigenen Mitteln zu finanzieren. Zudem wollten die Städte, so zum Beispiel Zürich, das Tram als Instrument der Stadtentwicklung nutzen. Dank günstigen Tarifen, einem engmaschigen Netz und dichten Fahrplänen setzte sich das innerstädtische Tram als Massenverkehrsmittel durch. Die Trams verbanden die ruhigen Wohnquartiere am Rand der Stadt mit den Dienstleistungs- und Industriezentren.[10]

In den 1890er-Jahren begann vor allem die BBC mit dem Verkauf von Rollmaterial, das mit Dreiphasenstrom, sogenanntem Drehstrom, betrieben wurde. Dieser ermöglichte im Gegensatz zum Gleichstrom den Transport von höheren Spannungen und verbesserte die Leistungsfähigkeit, so dass längere Strecken mit schwereren Zügen betrieben werden konnten. Ein weiterer Vorteil war, dass die Triebfahrzeuge beim Bremsen Strom erzeugten, der in das Netz zurückgespeist wurde. Ein grosser Nachteil war allerdings, dass bei den Motoren die Leistung nicht angepasst werden konnte und das Anfahren ein Problem war. Zudem benötigte es zwei Fahrdrähte, was vor allem in Bahnhöfen mit seinen Weichen komplizierte Konstruktionen nötig machten, damit sich die beiden Fahrdrähte nicht berührten. Die meisten Drehstromlinien entstanden in Kombination mit einem Zahnradantrieb in den Bergen, wo die grössere Leistungsfähigkeit gefragt war. Wegen der kleineren Geschwindigkeiten fiel der Nachteil, beim Anfahren nicht schrittweise beschleunigen zu können, weniger ins Gewicht. Die Linien waren zumeist Stichlinien, die vom Tal auf einen Berg führten und wenige Weichen aufwiesen. Zu nennen sind die Stansstad-Engelberg-Bahn (StEB) 1898, die Gornergratbahn (GGB) 1898 oder die Jungfraubahn (JB) 1912. Die grosse Ausnahme war die Elektrifizierung der 40 Kilometer langen Normalspurlinie der Burgdorf-Thun-Bahn (BTB) 1899. Die erfolgreiche Inbetriebnahme war die Grundlage, dass die BBC den SBB in einem Versuchsbetrieb vorschlug, auch den 1906 eröffneten, einspurigen, knapp 20 Kilometer langen Simplontunnel mit Drehstrom zu betreiben.

Den Tramwagen Ce 1/2 4 der Vevey-Montreux-Chillon-Bahn (VMC) von 1888 (Companie Eléctrique, SIG) betrieb man mit Gleichstrom. Das Kraftwerk lieferte am Tag Strom für das Tram und in der Nacht für die Hotelbeleuchtung.

Die Lokomotive Ge 2/2 1 der Bergbahn Lauterbrunnen-Mürren (BLM) von 1891 (MFO, SIG) wurde mit Gleichstrom betrieben. Eine Standseilbahn und die meterspurige Adhäsionsbahn verbanden Lauterbrunnen mit Mürren.

Der Tramwagen Ce 2/2 153 der Basler Strassenbahnen (B.St.B) von 1914 (BBC, SWS) wurde mit Gleichstrom betrieben. Die Tramwagen waren beliebt, weil die Rücklehnen je nach Fahrtrichtung gestellt werden konnten.

Kraftwerk der Jungfraubahn von 1897 bei Lauterbrunnen an der weissen Lütschine. Neben neuem Rollmaterial liessen die Bahnunternehmen auch Kraftwerke, Übertragungs- und Fahrleitungen bauen.

Die Zahnrad-Lokomotive He 2/2 7 der Jungfraubahn (JB) von 1907 (MFO, SLM) wurde mit Drehstrom betrieben. Eine Seite des ersten Wagens hatte keine Achsen. Er lag auf der Lok auf und drückte diese auf die Schienen.

Der Betrieb des Tramwagens Ce 2/2 1 der Trambahn der Stadt Luzern (TrL) von 1899 (MFO, SIG) erfolgte mit Gleichstrom. Auch für mittelgrosse Städte gehörte ein Tram zum modernen Erscheinungsbild.

Die Zahnrad-Lokomotive HGe 2/2 2 der Stansstad-Engelberg-Bahn (StEB) von 1898 (BBC, SLM) betrieb man mit Drehstrom. Ab Grafenort schoben Zahnrad-Lokomotiven den Zug in den aufstrebenden Tourismusort Engelberg.

EASTMAN'S FILM
CAMERAS APPAREIL
PHOTOGRAPHISCHE ARTIK
ATELIER DE PHOTOGRAPHIE
PHOTOGR
Zürichstrasse
№4
HIRSBRU
Jules
Maihof-Untergrund
STADTHO
Garten Restaurant I. Ordn
Täglich Concerte
Echtes Pilsner Bier vom
1906

Die Inneneinrichtung des Triebwagens Be 2/4 45 der TN von 1902 (MFO, SWS). Die TN richtete sich sehr früh mit günstigen Preisen und Abonnenten auf ein breites Publikum aus.

Die Tramwagen Be 2/4 42 und 44 der Companie des tramways de Neuchâtel (TN) von 1902 (MFO, SWS) waren Gleichstrom-Fahrzeuge. Diese Tramlinie verband die Vororte von Neuchâtel mit dem Stadtzentrum.

Der Triebwagen BCe 4/4 der Società Ferrovie Luganesi (FL) von 1912 (BBC, SWS) wurde mit Gleichstrom betrieben. Der Fotograf inszenierte den Triebwagen 1913 als pittoreske Fahrt entlang des Luganersees bei Agno.

Der Betrieb des Tramwagens Ce 2/2 der Schwyzer Strassenbahnen AG (SStB) von 1914 (BBC, MAN) erfolgte mit Gleichstrom. Das Tram verband Schwyz mit den Bahnhöfen Seewen, Brunnen und der Schiffstation Brunnen.

Drei Gleichstrom-Tramwagen Ce 2/2 der Trambahn der Stadt St. Gallen (TStG) von 1897 (MFO, SIG). Sie war nach Basel die zweite Stadt, die ein Tram betrieb. In den 1950er-Jahren stellte man auf Busbetrieb um.

Der Triebwagen BCFe 2/2 1 der Sernftalbahn (SeTB) von 1905 (MFO, MAN) wurde mit Gleichstrom betrieben. Sie verband Elm mit dem SBB-Bahnhof Schwanden und diente dem Tourismus sowie dem Schieferprodukte-Transport.

Der Gleichstrom-Triebwagen BCFe 4/4 105 der Chemins de fer électriques Veveysans (CEV) von 1913 (MFO, SWS). Sie verband Vevey mit den freiburgischen Verkehrsbetrieben und der Montreux-Berner Oberland-Bahn.

Die Drehstrom-Lokomotive Ce 4/4 3 der Burgdorf-Thun-Bahn (BTB) von 1910 (BBC, SLM). Seit 1899 betrieb die BTB die erste für schwere Lasten und relativ hohe Geschwindigkeit ausgelegte elektrische Bahn Europas.

Die kämpferischen Versuchsjahre

Die junge Elektro- und Ausrüstungsgüterindustrie, Bahnbetriebe und Finanzierungsgesellschaften schufen 1902 die Schweizerische Studienkommission für elektrischen Bahnbetrieb. Wegen Absatzschwierigkeiten versuchte die Industrie, die Elektrifizierung der SBB voranzutreiben. Diese zögerten jedoch, der Kommission beizutreten. Sie hatten im selben Jahr den Betrieb aufgenommen und waren vor allem mit der Vereinheitlichung der Organisation, des Betriebs und der Technik der verstaatlichten fünf Privatbahnen beschäftigt. Die SBB traten der Kommission 1903 bei, nachdem festgelegt worden war, dass die Entscheidungshoheit bei ihnen verblieb. Eine weitere Schwierigkeit war der Umgang mit dem Fachwissen der Firmen. Die wollten bei Offenlegung ihres betriebsinternen Wissens sicher sein, dass dieses nicht von den Konkurrenten genutzt werden konnte. Die Firmen konnten aber auch nicht im Abseits stehen, denn sie wollten bei zukünftigen Aufträgen nicht übergangen werden. Die Kommission legte in der Arbeitsplanung fest, dass sie ihr Fachwissen in Teilschritten gleichzeitig offenlegten.[11] Die Initiative der Privatindustrie löste ein Forschungsprojekt von 200 000 Franken aus, das zur Hälfte der Bund, die SBB und verschiedene Privatbahnen finanzierten.

Die Studienkommission erarbeitete eine Auslegeordnung des theoretischen und praktischen Wissens. Sie untersuchte die Vor- und Nachteile der bestehenden elektrischen Bahnen vor allem in Europa und den USA.[12] Die Kommission bestimmte den Leistungsbedarf der Elektrifizierung der SBB, evaluierte Standorte von Wasserkraftwerken und erarbeitete das Elektrifizierungsprojekt der Gotthardlinie. Neben der technischen Machbarkeit stand vor allem die Frage der Wirtschaftlichkeit im Vordergrund. Die Investition in dieses innovative Projekt sollte sich rechnen. Eine Subkommission verglich die Betriebskosten der Gotthardlinie mit Dampf oder elektrischem Betrieb.[13]

Parallel zur Arbeit der Studienkommission elektrifizierten und betrieben die BBC und die MFO je eine Strecke der SBB auf eigenes Risiko. Die BBC wählte den pragmatischen Weg. Sie betrieb den 1906 eröffneten Simplontunnel mit Drehstrom, dem System, das die BBC 1899 von Burgdorf nach Thun installiert hatte und in dieser Zeit das einzige leistungsfähige System für längere Strecken war. Der Aufwand der BBC war eher eine PR-Massnahme, die den SBB das Problem löste, den knapp 20 Kilometer langen, einspurigen Tunnel nicht mit Dampf betreiben zu müssen. Die MFO elektrifizierte und betrieb ihre «Hausstrecke» von Seebach nach Wettingen. Auf dieser Laborstrecke setzte sie das von ihr favorisierte System mit hochgespanntem Einphasenwechselstrom ein. Ein Betrieb mit diesem Stromsystem war mindestens so leistungsfähig wie Drehstrom, nur existierte noch kein Motor, der mit Einphasenwechselstrom betrieben werden konnte. Die Lokomotive Nr. 1, die 1955 als «Urmutter der Elektrifizierung» den Übernamen Eva erhalten sollte und heute im Verkehrshaus der Schweiz in Luzern ausgestellt ist, wurde mit einem Gleichstrommotor angetrieben. Der Einphasenwechselstrom aus der Fahrleitung musste zusätzlich in Gleichstrom umgeformt werden. Schon bald konnte der von Hans Behn-Eschenburg (1864–1938) entwickelte und patentierte Einphasenwechselstrom-Motor in die Lokomotive eingebaut werden. Die MFO testete verschiedene Stromabnehmer, baute einen künstlichen Tunnel, um die Stromabnahme im Tunnel sicherzustellen, machte mit Güterzügen Belastungstests, montierte bei Bahnübergängen ein Sicherheitssystem, damit niemand von einer herunterfallenden Fahrleitung getroffen werden konnte, und testete den Einfluss des Stromsystems auf die parallel zur Eisenbahnstrecke montierten Telefonleitungen. Der Betrieb von 1904 bis 1909 bewies, dass dieser mit Einphasenwechselstrom funktionierte. Die MFO bot den SBB die elektrifizierte Strecke erfolglos an. Die SBB argumentierten ökonomisch korrekt, dass bei der Nebenstrecke der Dampfbetrieb günstiger wäre und sich die Strecke für Tests mit schweren Lokomotiven, die am Gotthard zum Einsatz kämen, nicht eignete. Die MFO entfernte die Installationen notgedrungen wieder. Beim Simplontunnel übernahmen die SBB den elektrischen Betrieb und beauftragten die BBC, die Strecke bis nach Sion mit Drehstrom auszubauen. Ein Dampfbetrieb durch den Tunnel wäre nicht in Frage gekommen. Die Versuchsbetriebe in Seebach-Wettingen kosteten gemäss MFO über 400 000 Franken[14] und der Betrieb des Simplontunnels gemäss BBC gegen eine Million.[15]

Front der Ae 4/4 366 der SBB von 1907 (BBC, SLM). Grosser Nachteil des Drehstroms war, dass für die Stromübertragung zwei Fahrleitungen nötig waren. Bei Weichen durften sich die beiden Fahrdrähte nicht berühren.

Sicht auf den elektrifizierten Bahnhof Brig von 1906. Die BBC betrieb die Strecke durch den Simplontunnel im Auftrag der SBB als Versuch mit Drehstrom, der zu diesem Zeitpunkt das leistungsfähigste Stromsystem war.

366
366
4412

5005

Blick in die Einphasenwechselstrom-Lokomotive Ce 4/4 1 von 1903 (MFO, SLM). Weil noch keine Motoren für diese Stromart existierten, wurde der Strom mit einem Umformer (Bildmitte) in Gleichstrom umgeformt.

Auf der Versuchsstrecke zwischen Seebach und Wettingen baute die MFO sogar einen künstlichen Tunnel, um zu prüfen, wie darin eine Fahrleitung sicher befestigt und geführt werden konnte.

Die MFO prüfte jeden erdenklichen Aspekt im Umgang mit der unter Hochspannung stehenden Fahrleitung. Bei diesem Bahnübergang installierte die Firma einen Schutz damit die Fahrleitung nicht berührt werden konnte.

Die 1903 gegründete Schweizerische Studienkommission für den elektrischen Bahnbetrieb inspizierte den Versuchsbetrieb Seebach-Wettingen, den die MFO von 1904 bis 1909 auf eigene Kosten betrieb.

5581

Die Lokomotive Ce 4/4 2 von 1905 (MFO, SLM) erhielt im Gegensatz zur ersten Lokomotive, die in der Erscheinung einer Dampflokomotive glich, die klassische Kastenform elektrischer Lokomotiven.

Die Lokomotive Ce 4/6 3 (Siemens-Schuckert-Werke, Borsig) von 1907. Die eineinhalb Mal so schwere und doppelt so leistungsfähige deutsche Lokomotive ergänzte den Fahrzeugpark der Versuchsstrecke.

Der Stromsystementscheid

Innerhalb der Studienkommission bestand eine heftige Konkurrenz zwischen der MFO und der BBC. Es ging um den richtigen Stromsystementscheid, der je nachdem die eine oder die andere Firma bevorzugen würde. In der Öffentlichkeit trat die Elektroindustrie aber gemeinsam auf, um die Elektrifizierung der Bahnen voranzutreiben. An der Landesausstellung 1914 in Bern verkündete die Industrie stolz: «Beim Bau elektrischer Maschinen leuchten uns die Namen entgegen: Oerlikon, Alioth und Brown Boveri. Auf 40 grossen und kleinen Bahnstrecken laufen heute ihre elektrischen Lokomotiven.»[16] Im Geheimen hatten sich die beiden Firmen 1911 geeinigt, das Fell des Bären aufzuteilen, bevor er erlegt worden war. Zukünftige Aufträge sollten einvernehmlich aufgeteilt werden, denn für beide Firmen bestand ein grosses finanzielles Risiko. Die BBC sollte 55 und die MFO 45 Prozent des zukünftigen Investitionsvolumens ausführen dürfen. Dies entsprach etwa den damaligen Grössenverhältnissen der beiden Firmen. Diese kartellartige Aufteilung widersprach auch dem 1913 ausgehandelten Gotthardvertrag zwischen der Schweiz, Italien und Deutschland. Dieser sah vor, dass bei einer Elektrifizierung der Strecke Materiallieferungen öffentlich auszuschreiben und zu vergeben waren.

In der Studienkommission war von dieser Aufteilung nichts zu merken. Die Vertreter der beiden Firmen feilschten um das richtige Stromsystem und um die Frequenz des einzusetzenden Einphasenwechselstroms, was nur mit einer Abstimmung bereinigt werden konnte. Auf Antrag der MFO entschied sich die Kommission für hochgespannten Einphasenwechselstrom mit einer Frequenz von 16⅔ Hertz, einem Drittel der üblichen Frequenz von 50 Hertz. Der Strom konnte damit von einer Frequenz in die andere transformiert werden. Vor allem der Vertreter der BBC hatte darauf beharrt, dass die Umformung des Stroms weiterhin möglich blieb und auch externe Kraftwerke Strom liefern konnten.[17] Die Einphasenwechselstrom-Fraktion der MFO prägte die Entscheidungsfindung. Sie dominierte die Studienkommission und setzte einen Schlussbericht durch, der Einphasenwechselstrom propagierte. Zusätzlichen Aufwind bekam die Fraktion mit dem Entscheid der preussischen, bayrischen, badischen, österreichischen, schwedischen und norwegischen Bahnen, ihre Lokomotiven mit hochgespanntem Einphasenwechselstrom zu elektrifizieren. 1913 nahm die Lötschbergbahn den elektrischen Betrieb auf. Sie fuhr mit den von der Studienkommission vorgeschlagenen 15 000 Volt und 16⅔ Hertz. Die Bern-Lötschberg-Simplon-Bahn (BLS) brachte den Beweis, dass leistungsfähige Elektrolokomotiven für den Einsatz auf einer Bergstrecke zweckmässig waren. Anders als bei der Gotthardlinie, für die die SBB eigene Kraftwerke plante, kaufte die BLS hierfür den

Strom bei den Berner Kraftwerken (BKW) ein. Dies zeigte, dass der Kompromiss mit 16⅔ Hertz, einem Drittel der Normalfrequenz, Sinn machte.

Ein wichtiger Meilenstein war zudem, dass der technische Direktor Emil Huber-Stockar (1865–1939) die MFO 1910 verlassen hatte. Dies beruhigte einerseits die Situation in der Firma, denn sein Nachfolger Hans Behn-Eschenburg konzentrierte sich auf technische Fragen und kam dem Generaldirektor Dietrich Schindler (1856–1939) bei der Führung der Firma nicht mehr ins Gehege.[18] Andererseits konnte Huber-Stockar einen Elektrifizierungsentscheid der SBB entscheidend vorantreiben. Mit Beratungsmandaten für englische, französische und belgische Bahnen war Huber-Stockar der Fachmann für die Elektrifizierung mit Einphasenwechselstrom. Er verfasste als Angestellter der Studienkommission den Schlussbericht zur Elektrifizierung der Gotthardlinie. Die SBB stellten Huber-Stockar 1912 als Leiter der Abteilung für die Einführung der elektrischen Zugförderung an. Der Generaldirektor der SBB Robert Haab (1865–1939), Leiter der Rechtsabteilung, begrüsste die Anstellung seines Studienfreunds. Er brachte nicht nur ein enormes technisches Fachwissen, sondern auch grosse Führungserfahrung mit. Mit seiner direkten Art provozierte er die passive und auf Sicherheit bedachte Bahnverwaltung, und er schreckte nicht vor bissigen Bemerkungen über die Industrie und die bahninternen Abläufe zurück.[19]

Huber-Stockar arbeitete als Leiter der Abteilung Elektrifizierung SBB den Antrag für die Elektrifizierung der Gotthardlinie aus. Neben technischen und finanziellen Fragen wurde jeder mögliche Aspekt detailliert abgeklärt. Die Abteilung testete hinter dem Bahnhof Luzern verschiedene Fahrleitungssysteme. Neben den technischen Aspekten sollte damit auch geprüft werden, ob die Fahrleitungen das Landschaftsbild verunstalten würden, was gemäss Huber-Stockar nicht der Fall sei.[20] Die Armeeführung bestätigte in einem geheimen Papier die Leistungsfähigkeit des Systems und verlangte verschiedene Schutzmassnahmen, unter anderem gegen Sabotage der Fahrleitungen und Infanteriebeschuss der Druckrohre der Kraftwerke.[21] Der Verwaltungsrat SBB bewilligte 1913 den Kredit «betreffend die Einführung der elektrischen Zugförderung auf der Strecke Erstfeld-Bellinzona». Im Antrag fehlte die Anschaffung des Rollmaterials, denn der Entscheid, welches Stromsystem bestellt werden sollte, blieb trotz der Empfehlung der Studienkommission noch offen.[22] Walter Boveri (1865–1924), Mitbegründer der BBC und Verwaltungsrat der SBB, intensivierte die Bemühungen, die Strecke nicht mit Einphasenwechselstrom zu elektrifizieren. Er versuchte über die Frage, ob die Kraftwerke der SBB durch die Bahn selbst betrieben werden sollten, die Gotthardbahn mit Gleichstrom zu elektrifizieren. Wenn die SBB bei privaten Kraftwerken Strom einkauften, erhielten sie den in der Industrie üblichen Drehstrom, der zuerst in Gleichstrom und in einem zweiten Schritt in Einphasenwechselstrom umgeformt hätte werden müssen. Dies hätte sich nachteilig auf die Wirtschaftlichkeit ausgewirkt. Der von der BBC propagierte elektrische Betrieb mit Gleichstrom hätte nur eine Umformung nötig gemacht. Der Technologievorsprung der MFO wäre verloren gegangen. Beim Ausbruch des Ersten Weltkriegs 1914 wurden die Arbeiten ausgesetzt. 1916 planten die SBB auf Anregung der BBC für 800 000 Franken Systemversuche mit Gleichstrom.[23] Die Einphasenwechselstrom-Fraktion war alarmiert und stilisierte die sofortige Elektrifizierung der Gotthardlinie zum Pfeiler einer unabhängigen und neutralen Schweiz empor. Sie stellte nicht mehr die Verbilligung und Effizienzsteigerung des Eisenbahnbetriebs ins Zentrum, sondern die Verbesserung der nationalen Wertschöpfung und der Unabhängigkeit. Behn-Eschenburg veröffentlichte 1915 in der «Neuen Zürcher Zeitung» einen Artikel, der die erprobte Überlegenheit des Einphasenwechselstroms dem unerprobten und unsicheren Gleichstrom gegenüberstellte.[24] Ende des Jahres organisierten der Elektrotechnische Verein und der Schweizerische Wasserwirtschaftsverband im Berner Grossratssaal eine öffentliche Versammlung. Der ETH-Professor Walter Wyssling (1862–1945) und der Leiter der erfolgreichen Elektrifizierung der BLS Ludwig Thormann (1868–1955) votierten für eine Elektrifizierung der Gotthardlinie mit Einphasenwechselstrom. Sie betonten die rasche «vaterländisch-volkswirtschaftliche» Bedeutung der Elektrifizierung der Schweizer Bahnen. Die einstimmig angenommene Resolution würdigte die bisherigen Arbeiten der SBB und forderte eine rasche Elektrifizierung der Gotthardlinie mit Einphasenwechselstrom. Begünstigt wurde die Eile mit den Schwierigkeiten, den Betrieb mit Dampflokomotiven aufrechtzuerhalten. Von 1914 bis 1920 erhöhten sich die Betriebskosten mit Dampf pro Kilometer von vierzig Rappen auf gegen drei Franken. Zudem konnten die SBB nicht mehr genügend Kohle beziehen. Am 20. Februar 1917 schränkten sie den Personenverkehr ein. Ab dem 22. November 1918 liess der Bundesrat den Personenverkehr «an Sonn- und allgemeinen Feiertagen [...] auf den mit Dampf betriebenen Strecken einstellen». Die gefahrenen Personenzugskilometer wurden um knapp zwei Drittel reduziert. Im Gegensatz dazu waren auf der elektrifizierten Löschberg-Simplon-Linie keine solchen Einschränkungen nötig.[25] Der Verwaltungsrat der SBB entschied am 18. Februar 1916 die Elektrifizierung der Gotthardlinie mit Einphasenwechselstrom. Generaldirektor Josef Zingg (1855–1953) eröffnete den Antrag vorsichtig mit folgenden Worten: «Es empfehle sich nicht, mit neuen Versuchen und neuen Studien für die Einführung eines uns ungenügend bekannten Systems [Gleichstrom] Zeit zu verlieren. Man kann nicht ewig die Fortschritte der Wissenschaft abwarten; oft ist das Bessere der Feind des Guten.»[26] In einem Brief vom 21. Juli 1916 an die SBB unterstellte Walter Boveri der Einphasenwechselstrom-Fraktion eine Verschwörung. Sie würden damit verhindern, dass ein einheitliches Stromsystem entstehe.[27] Aus dem Militärdienst erwiderte Emil Huber-Stockar, Oberst der Gotthardbefestigungen, den SBB am 25. Juli 1916: «Nach meiner Ansicht sollte man gegen diesen Angriff kein Pulver verknallen. Diese Herren sollen uns [...] vorrechnen, wie viel die Bundesbahnen gewännen, wenn sie diese Kraftwerke für 50-periodigen Drehstrom einrichten würden.» Schliesslich bemerkte Huber-Stockar süffisant: «Die Firma Brown, Boveri & Cie. hat das meiste in der Richtung der Veruneinheitlichung geleistet.»[28] Die SBB liessen sich nicht mehr beirren.

Der Triebwagen BCFe 4/4 3 der Ferrovia Locarno–Ponte Brolla–Bignasco (LPB) von 1907. Im Maggiatal konnte das von der MFO zwischen Seebach und Wettingen getestete System zum ersten Mal verkauft werden.

Der Triebwagen BCe 4/4 51 der Seethalbahn (STB) von 1909 (BBC, SWS). Mit der Elektrifizierung der Seethalbahn sammelte die BBC erste Erfahrungen mit dem Einphasenwechselstrom, auf den sich die MFO spezialisiert hatte.

Die Lokomotive Ce 6/6 121 der BLS von 1910 (MFO, SLM). Die Bestellerin BLS sowie die Konstrukteure MFO und SLM bewiesen, dass es möglich war, für eine Bergstrecke eine leistungsstarke Einphasenwechselstrom-Lokomotive zu betreiben.

Die Lokomotive Be 5/7 der BLS von 1913 (MFO, BBC und SLM). Die 13 Lokomotiven fuhren auf der Lötschbergstrecke und konnten im Gegensatz zum Dampfbetrieb des Gotthards schwerere Züge bedeutend schneller führen.

Die Lokomotive Ge 4/6 351 der RhB von 1912 (MFO, SLM). Mit der Elektrifizierung passten die Bahnen auch die Infrastruktur an. Sie bauten neue Depots und Werkstätten, in denen die Lokomotiven gewartet werden konnten.

An der Landesausstellung 1914 in Bern präsentierte die BBC einige Lokomotivmodelle im Massstab 1:10. Darunter waren Lokomotiven mit Dreh- und Einphasenwechselstrom aus der Schweiz und dem Ausland.

An der Landesausstellung in Bern 1914 wurden 7 Dampflokomotiven und 17 elektrische Triebfahrzeuge präsentiert. Auf dem Bild ein Schneepflug aus St. Gallen und eine Lokomotive Ge 4/6 der RhB dahinter.

Die Elektrifizierung des Gotthards

Bei der Elektrifizierung der Gotthardlinie stand fast alles zur Diskussion: das Stromsystem, der Betrieb der Kraftwerke, die Ausschreibung und Beschaffung der Lokomotiven. Breite Abklärungen bezüglich der Ästhetik der Fahrleitungen und der Kriegstauglichkeit des Systems sollten jeden Zufall ausschliessen. Nicht zur Diskussion stand die Wahl der Linie. Die SBB begründeten 1913 den Entscheid, den Gotthard als ihre Hauptlinie zu wählen, damit, dass sich so die Investitionen durch die tieferen Betriebskosten am besten amortisieren liessen. In zweiter Linie erwähnten sie den Komfortgewinn, verbesserte Konkurrenzfähigkeit im Personenverkehr mit der BLS und erhöhte Sicherheit sowie die wegfallende Rauchbelästigung in den Tunnels.[29] Bei der Verstaatlichung der Gotthardbahn 1909 waren schon die Infrastruktur und das Rollmaterial Eigentum der SBB geworden, mit der Elektrifizierung konnte sie nun auch unabhängig von Energielieferungen vom Ausland betrieben werden. Die Gotthardlinie wurde zur Paradestrecke und zum Testlabor. Die SBB testeten Neuentwicklungen in der Stellwerktechnik, beim Schienenbau und beim Rollmaterial auf der meistbefahrenen Linie mit den starken Steigungen, engen Kurven und unwirtlichen Wetterverhältnissen. Wenn Innovationen am Gotthard funktionierten, genügte die Qualität für das ganze Streckennetz. Zudem betrieben die SBB die wegen der Elektrifizierung leistungsstarke Linie gewinnbringend und konnten damit defizitäre Bereiche quersubventionieren.

Auf Grund des Entscheids des Verwaltungsrats nahmen die SBB ihre Arbeiten an der Elektrifizierung der Gotthardlinie wieder auf. Viele Facharbeiter waren im Militärdienst. Huber-Stockar trieb das Projekt voran. Er setzte zurückgekehrte Auslandschweizer, Bremser und Zugspersonal ein, die wegen des Rückgangs des Verkehrs nicht gebraucht wurden.[30] Im Juni 1917 bestellte der Verwaltungsrat bei der MFO und der BBC je zwei Probelokomotiven. Als Teststrecke liessen die SBB die Strecke Bern—Thun elektrifizieren. Auf dieser sollten die vier Lokomotiven ab 1919 getestet werden können. Trotz des Gotthardvertrags hielten sich die SBB nicht an die Abmachung, das Rollmaterial und die anderen Installationen international auszuschreiben. Sie begründeten diesen Entscheid damit, dass sie in der jetzigen Situation der Arbeitslosigkeit in der Schweiz nicht im Ausland Lokomotiven kaufen würden. Wegen der drei in der Schweiz existierenden Firmen existiere genügend Wettbewerb. Die Abmachung zwischen BBC und MFO, die Aufträge kartellmässig zu verteilen, kam nicht zustande. Einerseits trat mit der Firma Société Anonyme des Ateliers de Sécheron (SAAS) von Genf ein dritter Anbieter auf, womit die Absprache komplexer wurde. Andererseits übernahmen die SBB die Idee, aus volkswirtschaftlichen Gründen

Aufträge nach der wirtschaftlichen Stärke der Firmen «gerecht» aufzuteilen.[31] Dies verteuerte die Beschaffungskosten und den Unterhalt zahlreicher Lokomotivtypen, sicherte aber in Baden, Genf und Zürich Arbeitsplätze.

Ohne die Erfahrungen abzuwarten, die man bei der Elektrifizierung der Gotthardbahn machte, entschieden die SBB 1918, ihr ganzes Netz zu elektrifizieren. In den folgenden 30 Jahren sollte das Investitionsvolumen verdoppelt werden. Die SBB wollten jährlich 35 Millionen Franken für die Elektrifizierung, 22 Millionen für das Rollmaterial und 33 Millionen für die ordentlichen Bauausgaben, also jährlich 90 Millionen Franken einsetzen.[32] Knapp eineinhalb Monate nach dem Entscheid der Generaldirektion übergab Huber-Stockar dem Generaldirektor Otto Sand das ausgearbeitete Elektrifizierungsprogramm. Huber-Stockar bemerkte wegen des Kohlemangels: «Heute genügt die Parole: nur keine Kohle. Aber Geld!» Er warnte aber auch vor einer politisch motivierten Verteilung der zu elektrifizierenden Linien. Dies könnte dazu führen, dass nicht genügend Kohle gespart werde und das zu Lasten der Wirtschaftlichkeit gehe.[33] Im August 1918 stellten die SBB das Programm für die Elektrifizierung des gesamten Netzes in der Öffentlichkeit vor. 1923 beschlossen sie sogar noch eine Beschleunigung des Ausbaus, so dass die erste Etappe schon 1928 statt 1933 abgeschlossen werden konnte.

Die Elektrifizierung hatte auch grosse Auswirkungen auf die Infrastruktur. Wegen der Elektrifizierung der Gotthardlinie passte der Bund schon 1913 die Verordnung für Eisenbahnbrücken an und übernahm die Normen des umliegenden Auslands.[34] Die Schwachstromleitungen entlang der Gotthardlinie verlegten die SBB unterirdisch. Die längeren Züge erforderten auf den Bahnhöfen bis zu 500 Meter lange Ausweich- und Überholgleise. Die grösseren eisernen Brücken am Gotthard wurden entweder verstärkt oder in Stein umgebaut, so der Pianotondo-Viadukt zwischen Lavorgo und Giornico.[35] In Bellinzona bauten die SBB für den Unterhalt der elektrischen Lokomotiven eine neue Halle und im Depot Erstfeld eine neue Lokomotivremise.

Bei den Bestellungen der elektrischen Ausrüstungen befürchtete Walter Boveri schon nach kurzer Zeit, dass die BBC zu kurz käme. In einem Brief an den Verwaltungsrat und die Generaldirektion der SBB beklagte er sich am 26. Mai 1919, dass die BBC bei den Vergebungen für die Kraftwerkbauten und die Lokomotiven ungebührlich übergangen würden. Die Badener Firma sandte den Brief gleichzeitig an den Regierungsrat des Kantons Aargau, an die Bundesräte Robert Haab (1865–1939) und Edmund Schulthess (1868–1944), die dem Post & Eisenbahn-Departement sowie dem Volkswirtschaftsdepartement vorstanden. Die BBC verlangte, dass die Aufträge im Verhältnis der Beschäftigten vergeben würden, womit sich das Auftragsvolumen der BBC auf Kosten der MFO und der SAAS um einen Drittel von 15 Millionen Franken auf 22 Millionen erhöhen würde. Die Generaldirektion antwortete am 8. Juli 1919 auf Grund einer internen Stellungsnahme von Huber-Stockar: «Dass wir im Warten auf die zwei Probelokomotiven [der BBC] eine Geduld an den Tag gelegt haben, die an die Grenze des Möglichen geht, dürfte nicht bestritten werden. […] Wir können Ihnen aber nicht verhehlen, dass wir uns auch bei dieser Verteilung über den Eindruck hinwegsetzen mussten, den uns ganz selbstverständlich das bisherige Ausbleiben des Erfolges mit ihren Probelokomotiven machte.»[36] Die Auseinandersetzung endete mit einer Aussprache beim Bundesrat, die an der Vergabepolitik der SBB nichts änderte.

Die MFO reagierte rasch auf die Fehlplanung der BBC, was deren Güterzugsprobelokomotive Ce 6/8^I betraf. Die Lokomotive musste wegen Gewichtsüberschreitungen mit zwei zusätzlichen Laufachsen verlängert werden, was eine ungleiche Verteilung des Gewichts auf die Achsen zur Folge hatte. Die MFO und die Schweizerische Lokomotiv- und Maschinenfabrik (SLM) in Winterthur handelten unverzüglich und schlugen den SBB eine verbesserte Güterzugslokomotive vor, die Ce 6/8^II «Krokodil». Die SBB bestellten bei der MFO noch vor der Auslieferung der Probelokomotive der BBC, der sogenannten «Köfferlilokomotive», 10 von 35 Krokodil-Lokomotiven. Wenige Monate nach der verspäteten Auslieferung der Probegüterzugslokomotive Ce 6/8^I der BBC machte das «Krokodil» seine ersten Fahrten. Die Lokomotive bestand aus zwei vollständig getrennten Rahmen mit je drei Antriebs- und einer Laufachse. Die beiden Rahmen waren durch den rechteckigen Aufbau gelenkig verbunden. Dieser enthielt auf je einer Seite einen Führerstand und in der Mitte den tonnenschweren Transformator. Die beweglich konstruierte Lokomotive eignete sich gleichzeitig für die vielen engen Kurven und konnte mit den sechs Antriebsachsen schwere Güterzüge die Rampen zum Gotthardtunnel hinaufziehen. Von den vier von den SBB bestellten Probelokomotiven bewährte sich nur eine, die von der BBC gebaute Schnellzugslokomotive Be 4/6. Die SBB bestellte noch vor deren Erprobung eine Serie von 40 Stück, die die BBC von 1920 bis 1923 lieferte. Die anderen drei Probelokomotiven blieben Einzelstücke.

Die BBC lieferte 1919 einen Transformator ins Unterwerk in Giornico. Im Unterwerk wurde der elektrische Strom auf die Fahrdrahtspannung von 15 000 Volt hinuntertransformiert.

Die MFO lieferte für das 1923 in Betrieb genommene Kraftwerk in Amsteg Rotoren. Die Elektrifizierung löste auch bei anderen Firmen Bestellungen aus. Die Ateliers de Constructions Mécaniques de Vevey, SA, lieferten die Turbinen.

Die Lokomotive Be 4/6 11301 der SBB von 1919 (MFO, SLM). Sie war eine der beiden 1917 bestellten Prototypen für den Schnellzugsverkehr. Obwohl die Laufruhe überzeugte, war sie reparaturanfällig und blieb ein Einzelgänger.

Die SBB-Lokomotive Be 4/6 11302 von 1919 (BBC, SLM) in Kandersteg. Der zweite 1917 bestellte Prototyp für den Schnellzugsverkehr bewährte sich. Auf Grund der eingegangenen Entwürfe bestellten die SBB 1918 eine Serie dieses Typs.

Die Lokomotive Ce 6/8^{II} 12251 «Krokodil» der SBB von 1919 (MFO, SLM). Noch vor der Auslieferung der zwei Güterzugsprobelokomotiven bestellten die SBB 1918 die ersten zehn «Krokodile».

Die Lokomotive Ce 6/8II «Krokodil» der SBB von 1919 oder 1920 (MFO, SLM). Die für den Güterverkehr beschaffte Lokomotive hatte für den Werkfotografen einen Personenzug am Haken und fuhr in Richtung Airolo.

Die Lokomotive Ce 6/8^{III} 14307 «Krokodil» der SBB von 1926 (MFO, SLM). Die Belegschaft der Maschinenfabrik Oerlikon posierte stolz vor der hundertsten gebauten Lokomotive.

Die Elektrifizierung der SBB

Die SBB bestellten bei der BBC, der MFO und der SAAS je eine Schnellzugslokomotive. Die BBC baute vier Ae 3/6^{I} mit Einzelradantrieb System Buchli, die MFO dreizehn Ae 3/6^{II} mit Stangenantrieb und die SAAS sechs Ae 3/6^{III} mit Einzelachsantrieb nach System Westinghouse. Die Firmen lieferten die Lokomotiven 1920/21 aus. Mit der Schnellzugslokomotive Ae 3/6^{I} mit Buchli-Einzelachsantrieb für das Flachland landete die BBC einen ersten grossen Wurf. Die Firma hatte 1910 der SLM den begabten Konstrukteur Jakob Buchli (1876–1945) abgeworben. Er widmete sich intensiv der Entwicklung eines Einzelachsantriebs, den die BBC patentierte. Diese Lokomotive war der Ae 3/6^{II} der MFO überlegen, die noch über einen Stangenantrieb verfügte. Mit dem Einzelachsantrieb wurde der starre, von der Dampflokomotive übernommene Gruppenantrieb mit Stangen, so wie beim «Krokodil», abgelöst. Lokomotiven mit dem Buchliantrieb wurden mit einer zusätzlichen Antriebsachse (Ae 4/7) auch für den schweren Personen- und Güterverkehr am Gotthard eingesetzt. Auf Grund ihrer unübertroffenen guten Betriebsresultate bestellten die SBB die Ae 4/7 in einer Serie von mehr als 100 Lokomotiven und erklärten sie zur Einheitslokomotive. Lokomotiven mit Buchliantrieb wurden zusätzlich zum BBC-Exportschlager. Im Sinne eines Ausgleichs verlangten die SBB, dass die Lokomotiven nach Plänen der BBC bei der MFO in Oerlikon und der SAAS in Genf gebaut werden mussten. Bei der Produktion der Ae 3/6$^{I\ \text{und}\ II}$ ging dies so weit, dass BBC und MFO exakt gleich viele Lokomotiven lieferten.[37] Die Firma SAAS konnte sich vor allem mit Aufträgen der BLS profilieren. Die bestellte in Abgrenzung von den SBB die grösste einteilige Lokomotive mit Einzelachsantrieb Be 6/8. Die Lokomotiven wurden in zwei Serien von je vier Lokomotiven gebaut. Eine Lokomotive der zweiten Serie, eine Ae 6/8, wurde auch an der Schweizerischen Landesausstellung 1939, der Landi, als stärkste einteilige Lokomotive der Welt vermarktet.

Weil eine Steuerung einer Lokomotive von einer zweiten angehängten noch nicht machbar war, luden die SBB Anfang 1929 die Lokomotivhersteller ein, Entwürfe für eine Doppellokomotive auszuarbeiten. Die Vergrösserung der zulässigen Anhängelast wurde in der zweiten Hälfte der 1920er-Jahre mit der erhöhten Nachfrage von Transporten von Reparationskohle von Deutschland nach Italien und der Hochkonjunktur begründet.[38] Aus über 20 Projekten gaben die SBB je eine SLM/BBC-Probelokomotive mit Buchliantrieb und eine SLM/MFO-Lokomotive in Auftrag. Letztere verfügte auch über einen Einzelachsantrieb, den Universalantrieb, den Jakob Buchli, nun Direktor der SLM, neu entwickelt hatte. Die Doppellokomotiven blieben Einzelstücke. Mit der Einführung der Vielfachsteuerung von Lokomotiven wurde deren Einsatz obsolet. Die beiden Lokomotiven zogen bis in die 1970er-Jahre Personen- und Güterzüge über den Gotthard.

In der Zwischenkriegszeit nutzten die SBB die Gunst der Stunde. Bis 1928 elektrifizierten sie 55 Prozent ihres Netzes, auf dem 87 Prozent der Bruttotonnenkilometer gefahren wurden. In dieser ersten Phase der Elektrifizierung investierten die SBB 675 Millionen Franken. 60 Millionen Franken wurden vom Bund übernommen, der Rest über Kredite finanziert. Die Kosten für die erste Phase entsprachen mehr als dem Eineinhalbfachen des Budgets der SBB von 1928. Verglichen mit dem heutigen Ertrag der SBB entspräche dies 13 Milliarden Franken. Die Kosten der weiteren Elektrifizierung sind nicht bekannt. Die Investition in die Elektrifizierung der SBB ist ein Beispiel des Ausbaus einer öffentlichen Infrastruktur. Es ist ein finanzielles Engagement in eine Zukunft, die man nicht kennt. Eine Argumentation, die sich nur auf eine kostendeckende Befriedigung von (zukünftigen) Transportbedürfnissen abstützt, ist zum Scheitern verurteilt. Es braucht den Mut, neue Technologien zu entwickeln, Fantasie, den Ergebnissen einen höheren Nutzen zu geben, und Personen, die die Sache hartnäckig verfolgen, ebenso Glück und die richtigen Vorbereitungen zum richtigen Zeitpunkt. Die SBB erhöhten ihre Kapazität stark, fuhren mit eigener Energie und wurden dem Ruf nach Arbeitsbeschaffungsmassnahmen gerecht. Die Elektroindustrie konnte die Früchte ihrer Vorinvestitionen ernten. Im Gegensatz zu den Plakatkampagnen vor dem Ersten Weltkrieg, in denen die SBB mit der Präsentation von intakten Landschaften für die Schweiz als Ganzes warben, thematisierten sie nun die Elektrifizierung. Elektrolokomotiven fuhren über imposante Brücken und betonten die verbindende Funktion der SBB sowie eine leistungsfähige Schweiz.[39] Die Jubiläen zur Einweihung des Simplon- und des Gotthardtunnels (1931 und 1932) wurden ausgiebig gefeiert. Endlich hatten die SBB nach der harschen Kritik während und nach dem Ersten Weltkrieg wieder eine positive Presse. Erleichtert konstatierte das «SBB Nachrichtenblatt»: «[...] die gesamte Landespresse [ist] einhellig in ihrem Lob ob der gediegenen Gotthard-Jubiläumsfeier vom 31. Mai und 1. Juni [...]. Weit mehr als eine blosse Verherrlichung glorreicher Taten der Vergangenheit gestaltete sich die Jubiläumsfeier zu einer eindrucksvollen Kundgebung des Vertrauens und der Achtung für die Bundesbahnen, die sich wohl noch nie so eng verbunden mit dem ganzen Land gefühlt haben [...].»[40]

Die Lokomotive Ae 4/8 11000 der SBB von 1922 (BBC, SLM). Sie wurde mit zwei verschiedenen Einzelachsantrieben ausgerüstet. Ohne die Auslieferung abzuwarten, bestellten die SBB 1920 die Ae 3/6^{I} mit dem Buchliantrieb.

Die Lokomotive Ae 3/6[I] der SBB von 1926 (BBC, SLM). Die Lokomotive zog einen Schnellzug über den Puidoux-Viadukt zwischen Lausanne und Fribourg.

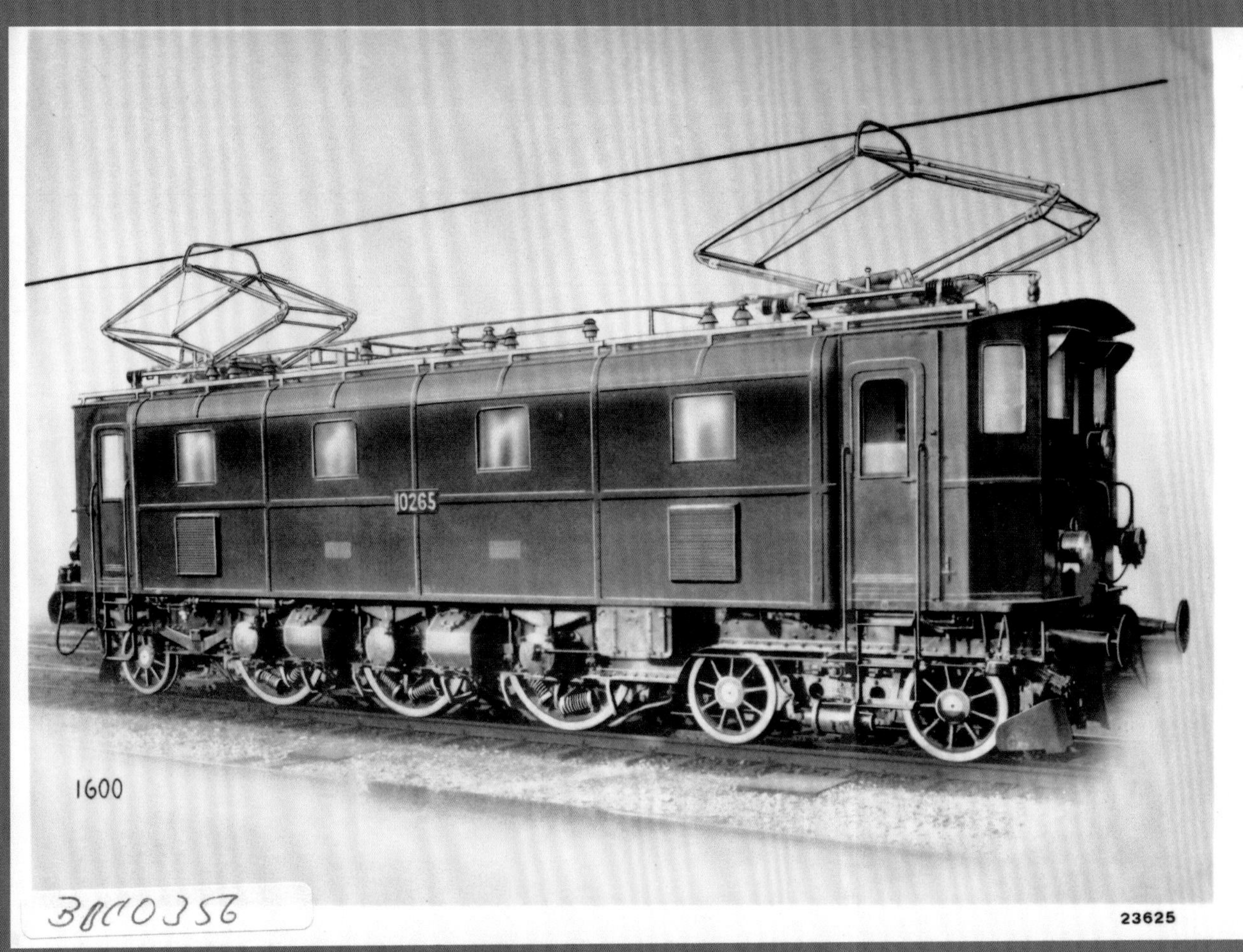

Die Lokomotive Ae 3/6^{III} 10265 der SBB von 1926 (SAAS, SLM). Sie war mit dem Einzelachsantrieb der SAAS ausgerüstet, einer Weiterentwicklung des amerikanischen Westinghouse-Antriebs.

Ein Tramwagen der VMCV Richtung Chillon kreuzte die 1924 elektrifizierte Linie der SBB. Für die Kreuzung zweier elektrischer Bahnen brauchte es eine komplizierte Konstruktion, die einen Kurzschluss verhinderte.

Die Lokomotive Ae 3/6[II] der SBB von 1923 bis 1926 (MFO, SLM) vor dem Gaswerk in Schlieren. Die Ae 3/6[I, II und III] bestellten die SBB bei der BBC, der MFO und der SAAS. Obwohl teurer, sicherte dies an den drei Fabrikstandorten Arbeitsplätze.

Die Lokomotive Ae $3/6^{I}$ der SBB von 1927 (MFO, SLM). Mit dem Einzelachsantrieb Buchli der BBC setzte sie sich als bester Antrieb durch. Auf Verlangen der SBB produzierte die MFO einen Teil der Serie in ihrem Werk.

Die Lokomotive Ae 4/7 10919 der SBB von 1928 (MFO, SLM). Die SBB bestellte die BBC-Lokomotive mit Buchliantrieb in einer Serie von 127 Stück. Als Ausgleich montierten die MFO und die Sécheron einen Teil der Serie.

Die Doppellokomotive Ae 8/14 11851 der SBB von 1932 (MFO, SLM). Jakob Buchli rüstete sie mit dem neu entwickelten Einzelachsantrieb aus. Er hatte 1918 den Buchliantrieb der BBC entwickelt und arbeitete seit 1924 bei der SLM.

Die Leichttriebwagen

Die Elektrifizierung bot neue Möglichkeiten, den Verkehr effizient abzuwickeln. Beim Dampfbetrieb ist mit wenigen Ausnahmen das Triebfahrzeug eine Lokomotive, die Wagen hinter sich herzieht. Dies hat den grossen Nachteil, dass an Endstationen Drehscheiben, Weichen und Ausweichgleise gebaut werden müssen, um das Triebfahrzeug für die Rückfahrt zu drehen und an das andere Ende des Zugs zu fahren. Bei einer Dampflokomotive braucht der Antrieb mehr Platz als beim elektrischen Triebfahrzeug. Die Dampflok erzeugt die Antriebsenergie vor Ort und transportiert die Betriebsmittel Wasser und Kohle mit sich. Es braucht ein separates Triebfahrzeug. Dazu kommt, dass elektrische Motoren effizienter funktionieren als eine Dampfmaschine, die vor allem Wärme produziert. Ein elektrisches Tram beispielsweise wird mit Motoren unter dem Wagenboden angetrieben. Die ganze Länge des Zugs steht für den Transport von Personen und Gütern zur Verfügung. Die Antriebsenergie wird per Fahrleitung zugeführt. Auf beiden Seiten des Fahrzeugs befindet sich je ein Führerstand, den der Wagenführer je nach Fahrtrichtung nutzt. Triebwagen lassen sich auf Nebenstrecken und in schwach frequentierten Zeiten einsetzen, womit Überlandbahnen und Trams oft konfrontiert waren. Auf den Erfahrungen des Betriebs von meterspurigen Tram- und Überlandbahnen aufbauend, entwickelte die Elektroindustrie für Normalspurbahnen elektrische Triebwagen. Frühe Beispiele waren mit Gleichstrom fahrende Triebwagen der Chemin de fer Fribourg–Morat–Anet (FMA) von 1903, der mit Drehstrom fahrende Triebwagen BCFe 4/4 der Burgdorf-Thun-Bahn (BTB) von 1899 oder der mit Einphasenwechselstrom fahrende Triebwagen BCe 4/4 der Seetalbahn (STB) von 1909. Schon 1908 bestellte die BLS für den Nebenverkehr bei den Siemens-Schuckert-Werken in Berlin, bei der MFO und bei der Schweizerischen Wagonfabrik AG (SWS) in Schlieren drei elektrische Triebwagen Ce 2/4.[41] Diese waren nach dem damaligen Prinzip des Wagenbaus mit einem eisernen Untergestell auf zwei Drehgestellen und einem hölzernen Aufbau versehen. Nach dem Ersten Weltkrieg schlitterte die BLS in finanzielle Schwierigkeiten. Sie war 1913 eröffnet worden. Sie sollte, das deutsche Elsass umfahrend, Frankreich mit Italien verbinden. Nach dem Krieg war dies nicht mehr nötig, denn das Elsass war erneut Teil von Frankreich. Die Züge konnten wieder über Basel zum Gotthard fahren.[42] Die BLS schlitterte in eine finanzielle Krise nach der anderen. Innovatives Denken und finanzielle Sanierungen waren gefragt. In den 1920er-Jahren nahmen die BLS, aber auch die SBB weitere Triebwagen in Betrieb. Der Pionierphase entsprechend, entstand eine grosse Modellvielfalt. Dabei sticht am meisten der sogenannte «Halbesel» (CFe 2/6) der BLS von 1925 hervor. Er bestand aus einer dreiachsigen, kurzen Lokomotive sowie einem fest gekuppelten, dreiachsigen Personenwagen mit Gepäckabteil und Führerstand. In den 1930er-Jahren begann sich bei der Eisenbahn ein neues Bauprinzip durchzusetzen, der selbsttragende Wagenkasten. Die Bauteile wurden nicht mehr mit Nieten und Schrauben zusammengehalten, sondern zusammengeschweisst. Dieser als Röhre konstruierte Wagenkasten schützte die Passagiere und übernahm gleichzeitig die tragende Funktion. Dies erlaubte es, die Schienenfahrzeuge bedeutend leichter zu konstruieren. Der Triebwagen Ce 2/4 «Blauer Pfeil» der BLS von 1935 wog 35 Tonnen. Das war im Vergleich zu einem Personenwagen mit 40 Tonnen der damaligen schweren Stahlbauart eine Sensation. Zwischen den SBB und der BLS entspannte sich ein Wettstreit, bei dem es je nach Gewichtung um die technische Innovation, Prestige oder Wirtschaftlichkeit ging. Mit den «Roten Pfeilen» obsiegte die SBB beim Aspekt Prestige. Die eigenwillige Form und Farbe machten das Triebfahrzeug zur Ikone der schweizerischen Eisenbahn. 1946 beförderte der rote Doppelpfeil RAe 4/8 der SBB Winston Churchill, was dazu führte, dass das Fahrzeug heute noch Churchill-Pfeil genannt wird. Die einteiligen «Roten Pfeile» (RBe 2/4) der SBB waren mit bis zu 125 km/h schnell unterwegs, was bei einem Einsatz auf Nebenstrecke wenig sinnvoll war. Zudem war der einteilige Triebwagen viel zu klein, so dass dieser vor allem bei Gesellschaftsfahrten eingesetzt wurde, was ihn sehr populär machte. Die BLS legte ihre ein- und zweiteiligen Pfeile konsequent auf einen effizienten Betrieb der Nebenstrecken aus. Im Gegensatz zu den «Roten Pfeilen» mussten die «Blauen Pfeile» nur so schnell wie nötig fahren. Die Gestaltung entsprach nicht der Idee der attraktiven Stromlinienform, sondern der kostengünstigen neuen Sachlichkeit. Beim blauen Doppelpfeil sank im Vergleich zu einem Zug der 1920er-Jahre das Gewicht pro Passagiere von 1,2 Tonnen auf die Hälfte. Diese unterschiedliche Gewichtung wirkte sich bei den BLS-Pfeilen auf die Kosten aus. Der blaue Doppelpfeil (BCFZe 4/6) der BLS kostete 325 000 Franken, weniger als die Hälfte des Churchill-Pfeils der SBB.[43] 1939 und 1940 nahm auch die Südostbahn (SOB) je vier Leichttriebwagen CFZe 4/4 und BCFZe 4/4 mit dem Übernamen «Glaskasten» in Betrieb.

Heute sind auch Triebzüge für den Schnellzugsbetrieb, so auch der Neigezug der SBB, nach diesem Prinzip konstruiert. Es geht damit zwar eine gewisse Flexibilität bei der Transportkapazität verloren, es ist nicht mehr möglich, bei einem grösseren Verkehrsaufkommen mit kleinem Aufwand zusätzliche Wagen in den Zug einzureihen. Dafür sinken die Betriebskosten, denn an den Endstationen entfallen aufwändige Rangierarbeiten. Es ist nur noch der Lokführer, der sich von einem Führerstand zum anderen bewegt.

Der Triebwagen CFe 2/6 784 der BLS von 1925 (MFO, SLM und SIG). Sie bestellte für schwach frequentierte Strecken zwei Triebwagen. Diese konnten von beiden Enden gesteuert werden, was den Betrieb vereinfachte.

Der Triebwagen CFe 4/5 725 der Bern-Neuenburg-Bahn (BN) von 1929 (MFO, SAAS, SLM und SIG). Für die Elektrifizierung der Strecke bestellte die BN leistungsstarke Triebwagen, die Schnell- und Personenzüge führen konnten.

Der Triebwagen Re 2/4 «Roter Pfeil» der SBB von 1935 (MFO, SAAS, BBC und SLM). Der stromlinienförmige «Rote Pfeil» eignete sich nicht wie vorgesehen für den Verkehr auf Nebenstrecken. Er diente als Ausflugsfahrzeug.

Der Triebwagen Re 2/4 201 «Roter Pfeil» der SBB von 1935 (MFO, SAAS, BBC und SLM). Der schnelle und elegante «Rote Pfeil» erregte bei einem Halt im Bahnhof Frauenfeld grosses Aufsehen.

OERLIKON
37580

Der Triebwagen Ce 2/4 727 der BN von 1935 (MFO, SIG). Der leichte Triebwagen bestand aus einem selbsttragenden Kasten, was das Fahrzeuggewicht pro Passagier im Vergleich zu einem lokbespannten Zug halbierte.

Der Doppeltriebwagen BCFZe 4/6 736 «Blauer Pfeil» der BN von 1938 (SAAS, SIG). Der Triebwagen im Stil der neuen Sachlichkeit war günstig und auf einen kostensparenden Betrieb ausgerichtet. Das Leichtbaufahrzeug war für die BLS richtungsweisend.

Der Doppeltriebwagen BCFZe 4/6 736 war eine eierlegende Wollmilchsau. Er enthielt eine zweite (Bild) und dritte Klasse, ein Gepäck- und zwei Postabteile sowie eine Gefängniszelle und zwei Toiletten.

Innenansicht des Doppeltriebwagens BCFZe 4/6. Im Pflichtenheft schrieb die BLS für die dritte Klasse vor, dass die Sitze gepolstert sein mussten und die Rücklehnen nicht höher als ein Meter sein durften.

Der Schnelltriebzug Re 8/12 501 der SBB von 1938 (BBC, MFO, SAAS und SLM) in Lugano. Der dreiteilige Schnellzug war für Hauptstrecken zu klein. Er wurde für Gruppenreisen Bodensee–Tessin und zwischen Rorschach, Bern und Basel eingesetzt.

Der Triebwagen CFZe 4/4 11 der Südostbahn (SOB) von 1939 (MFO, BBC, SAAS und SLM, SIG, SWS). Mit Unterstützung des Bundes wurde die SOB als Arbeitsbeschaffungsmassnahme und als Förderung von Randregionen elektrifiziert.

Die Elektrifizierung der Privatbahnen

Im Sinne eines gesamtschweizerischen Ausgleichs entschied der Bund am 18. Dezember 1918, auch «notleidende» Transportunternehmen finanziell zu unterstützen und den Privatbahnen Darlehen für die Elektrifizierung zu gewähren. Während des Ersten Weltkriegs war der Transit- und Fremdenverkehr eingebrochen. Kaum ein Bahnunternehmen verzinste noch sein Schuldkapital oder richtete Dividenden aus. Zahlreiche Bahngesellschaften standen kurz vor dem Konkurs. Der Bund unterstützte nicht mehr nur den Bau und die Erneuerung von Eisenbahnen, sondern nun auch deren Betrieb. Er wollte damit die dezentrale Siedlungsstruktur der Schweiz erhalten, wofür Bahnverbindungen mit den vier im Gesetz von 1872 verankerten Grundvorschriften die Voraussetzung waren. Im Gegensatz zum aufkommenden Strassenverkehr, der nur in Regionen Dienstleistungen anbot, die Gewinn versprachen, musste die Eisenbahn wegen der Tarif-, Transport-, Betriebs- und Fahrplanpflicht Güter und Personen jederzeit und überall zu erschwinglichen Preisen transportieren.[44]

Die Investitionsbeihilfe löste in der Schweiz vor allem in den 1930er-Jahren einen wahren Elektrifizierungsboom aus. 1932 und 1933 wurden die Strecken der BTB, der Emmentalbahn (EB) sowie der Solothurn-Münster-Bahn (SMB) mit Einphasenwechselstrom elektrifiziert. Die drei Bahnen formierten eine Betriebsgemeinschaft, was Bedingung für die Unterstützung der öffentlichen Hand war. Dieser Gemeinschaftsbetrieb ermöglichte einen kostengünstigeren Bahnbetrieb. Er kaufte in der Folge acht Lokomotiven (Be 4/4) und zwölf Triebwagen (CFe 2/4). Die Lieferanten gaben einen guten Überblick über die vielfältige Rollmaterialindustrie. Den mechanischen Teil lieferten die SLM, die SIG und die SWS,[45] den elektrischen die BBC, die MFO und die SAAS.

Die Vitznau-Rigi-Bahnen (VRB) und die Pilatusbahnen (PB) elektrifizierten 1937, die Südostbahn (SOB) 1939. Die Bestellungen waren Arbeitsbeschaffungsmassnahmen für die Industrie und sollten den Betrieb der Bahngesellschaften rationalisieren. Widersprüchlich dabei war, dass die Bahnen zwar rationeller betrieben werden konnten, aber auch weniger Leute beschäftigten. Elektrisch betriebene Bahnen fuhren schneller und konnten grössere Lasten transportieren. Zudem brauchte es keine Zeit mehr zum Vorheizen der Dampflokomotiven. Die Lokomotive konnte mit einem Führer allein, anstatt mit einem Führer und einem Heizer betrieben werden. Ein zweiter Grund war eine Elektrifizierung aus militärischen Gründen. Die Bahnen sollten unabhängig von ausländischer Energie fahren können. Mit Krediten aus dem Fonds für Landesverteidigung wurden während des Kriegs beispielsweise die strategisch wichtige Furka-Oberalp-Bahn (FO) und die Bières-Apples-Morges-Bahn (BAM) elektrifiziert.[46] Die Finanzierung der Privatbahnen war nur der Anfang. Das Bundesgesetz vom 6. April 1939 stellte weitere 125 Millionen Franken Investitionshilfe in Aussicht. Bedingung für eine Unterstützung war jedoch, dass Bahngesellschaften zu grösseren Einheiten fusionierten. Die Langenthal-Huttwil-Bahn (LHB), die Huttwil-Wolhusen-Bahn (HWB) und die Ramsei Sumiswald-Huttwil-Bahn (RSHB) fusionierten 1944 beispielsweise zur Vereinigten Huttwil-Bahn (VHB), die mit der Emmental-Burgdorf-Thun-Bahn (EBT) und SMB eine Betriebsgemeinschaft bildete. Der Bund beteiligte sich mit einem substantiellen Beitrag.[47] Die für den elektrischen Betrieb 1946 gekauften Triebwagen CFe 4/4 der VHB und die Ce 4/4 «Wellensittich» der BLS von 1953 gaben den Ausschlag, dass der einheitliche Triebwagen entwickelt wurde, der von den SBB 126 Mal (RBe 4/4) und 59 Mal von verschiedenen Privatbahnen in verschiedenen Ausführungen angeschafft wurde und die Kosten pro Einheit reduzierte.[48] Diese Unterstützung der vielen Nebenbahnen, die die Regionen erschlossen, war unter anderem Ausdruck der föderalen Struktur der Schweiz. Jeder Kanton kämpfte zumeist erfolgreich für den Erhalt und die Modernisierung seiner Bahnen.

Die Zahnrad-Lokomotive HGe 2/2 der Schöllenenbahn (SchB) von 1915 (BBC und SLM). Die Bahn sollte den Tourismusort Andermatt von Göschenen aus einfacher erreichbar machen. Wichtiger war aber vor allem die Erschliessung der Gotthardfestung.

Der Triebwagen BCFe 4/4 der Società subalpina di imprese ferroviarie (SSIF) und Società delle Ferrovie Regionali Ticinesi (FRT) von 1923 (Carminati e Toselli Milano CeT, Tecnomasio Italiano Brown Boveri). Die beiden Gesellschaften betrieben die 1923 eröffnete Strecke Locarno–Domodossola.

Der Triebwagen FZe 6/6 2001 der MOB von 1932 (BBC, SIG). Die leistungsstarken Gepäcktriebwagen sollten den 1931 beschafften «Golden Mountain Pullman Express» ziehen. Wegen der Wirtschaftskrise kam es nur noch zu einigen Werbefahrten.

Innenaufnahme in einem Salonwagen des «Golden Mountain Pullman Express» von 1932 während einer Fahrt, die die BBC organisierte. 1939 verkaufte die MOB die Wagen an die RhB, wo sie heute noch in historischen Kompositionen in Betrieb sind.

Die Lokomotive Ge 6/6[I] 402 der RhB von 1921 (BBC, MFO und SLM). Mit dem Einsatz dieser leistungsfähigen Lokomotive konnte das Stammnetz der RhB elektrisch betrieben werden. Die Lokomotive auf dem Bild steht heute im Verkehrshaus.

Der Zahnrad-Triebwagen BCFhe 2/4 42 der Furka-Oberalp-Bahn (FO) von 1941 (BBC, SLM). Die Strecke von Brig nach Disentis wurde 1926 in Betrieb genommen und aus militärischen Gründen während des Zweiten Weltkriegs elektrifiziert.

Der Zahnrad-Triebwagen BCFhe 2/4 201 der Aigle-Leysin-Bahn (AL) von 1946 (BBC, SLM). Mit den neuen Triebwagen «Flèche» konnte die Reisezeit zum Luftkurort Leysin auf eine halbe Stunde halbiert werden.

Innenansicht des BCFhe 2/4 201 der AL von 1946. Das Foto zeigt nicht nur den Führerstand, sondern auch die Aussenumgebung in sehr guter Qualität.

Der Triebwagen CFe 4/4 141 der Vereinigten Huttwil-Bahn (VHB) von 1946 (BBC, MFO, SAAS und SWS). Der Triebwagen wurde zum Vorbild für die Bestellung der SBB von Triebwagen für Nebenstrecken.

Der Triebwagen CFe 4/4 5 der Biel-Täufelen-Ins-Bahn (BTI) von 1947 (MFO, SWS). Die Triebwagen waren in der Gestaltung und der technischen Einrichtung möglichst einfach konzipiert.

Der Zweite Weltkrieg

1939 erregten an der Schweizerischen Landesausstellung in Zürich, der «Landi 39», zwei Objekte Aufsehen: die Ae 8/14 11852 der SBB, heute bekannt als «Landi-Lok», und ein Generator der Grande-Dixence-Werke. Die «stärkste Lokomotive der Welt» und der «Weltrekord der Ingenieurbaukunst» machten auf die Leistungsfähigkeit der SBB und der Schweiz aufmerksam. Die lindengrüne, stromlinienförmige Doppellokomotive symbolisierte Schnelligkeit, Kraft, Dynamik und Unabhängigkeit vom Ausland. Wichtig war, dass diese Lokomotive stärker war als die stärkste Lokomotive Deutschlands. Die Verantwortlichen der SBB erhöhten sogar das Budget zusätzlich, damit die Lokomotivfront elegant und stromlinienförmig gestaltet werden konnte, um einen Drittel. Die Lokomotive bewährte sich allerdings mehr als Ausstellungsobjekt denn als Einsatzfahrzeug. Wegen ihrer grossen Länge von über 34 Metern, der Störungsanfälligkeit und des aufwändigen Betriebs wurde die Lokomotive SBB-intern schnell zur «stärksten, lärmigsten und schmutzigsten Lokomotive der Welt».[49] Grosse Aufmerksamkeit erregten auch die beiden Leichtbau-Doppelpfeile der SBB und der BLS. Im Gegensatz zu den Rahmenlokomotiven Ae 8/14 der SBB und Be 6/8 der BLS waren diese mit dem selbsttragenden Kasten und den in die Drehgestelle integrierten Fahrmotoren für die Weiterentwicklung der Eisenbahn richtungsweisend.

Die forcierte Elektrifizierung zahlreicher Bahnlinien hatte in der Öffentlichkeit in der Zeit der grossen Wirtschaftskrise der 1930er-Jahren kritische Fragen der Rentabilität aufkommen lassen. Bis 1936 waren die wichtigsten Linien der SBB elektrifiziert, diese bewältigten zusammen über 90 Prozent des Verkehrsaufkommens. Die Investition brachte einerseits Einsparungen beim Personal. Die Lokomotiven benötigten mit dem elektrischen Bahnbetrieb keinen Heizer mehr wie die Dampflokomotiven und konnten von nun an mit lediglich einer Person betrieben werden. Die Unterhaltskosten konnten zusätzlich gesenkt werden. Andererseits erhöhte sich die Anzahl der Arbeitslosen. Nur schon bei den SBB sank die Anzahl der Beschäftigten von 38 000 Personen (1913) auf 27 000 Personen (1939).[50] Die SBB hatten sich zudem mit weiteren drei Viertel Milliarden Franken verschuldet, die verzinst und amortisiert werden mussten. Mit dem Ausbruch des Zweiten Weltkriegs verschwand die Kritik schnell.[51] Die SBB begannen mit der wachsenden Nachfrage im Transit- und Inlandverkehr erfreulicherweise wieder schwarze Zahlen zu schreiben. Im Gegensatz zum Ersten Weltkrieg vermochten sie die Transportbedürfnisse zuverlässig zu befriedigen. Für die Generalmobilmachung und den Rückzug wichtiger Truppenteile ins befestigte Alpenreduit transportierten die SBB Tausende Soldaten und Tonnen von

Armeematerial. Auf der Lötschberg-Simplon-Achse und vor allem auf der doppelspurigen Gotthardlinie betrieb die Schweiz die wichtigsten Alpentransversalen Europas. Im Transitgüterverkehr verdreifachte sich die Verkehrsmenge zwischen 1939 und 1941. Der Gotthardvertrag verpflichtete die Schweiz, Güter von Deutschland nach Italien zu transportieren, wenn diese die sicherheitspolitischen und neutralitätsrechtlichen Verpflichtungen nicht verletzten. Für die Achsenmächte war der unbehelligte Transit durch die Schweiz wichtiger als Waffenlieferungen und fast so wichtig wie der Schweizer Finanzplatz.[52] Mit dem Rückzug der Schweizer Armee in die Alpen konnte diese somit den Bahnbetrieb der Transitachsen sichern und die Linien bei einem allfälligen Angriff unterbrechen, was ein Faustpfand war, nicht angegriffen zu werden. Im Gegensatz zum Ersten Weltkrieg, während dessen die SBB den Verkehr nicht oder nur bedingt aufrechten erhalten konnten, glückte dies mit dem elektrischen Betrieb im Zweiten Weltkrieg hervorragend. Die Elektrifizierung wurde zum Mythos einer unabhängigen Nation und die SBB alle Regionen der Schweiz verbindenden Element. Die SBB haben mit der Kapazitätssteigerung, die die Elektrifizierung ermöglichte, die Basis für die Befriedigung der wachsenden Transportbedürfnisse in der folgenden Nachkriegszeit gelegt.

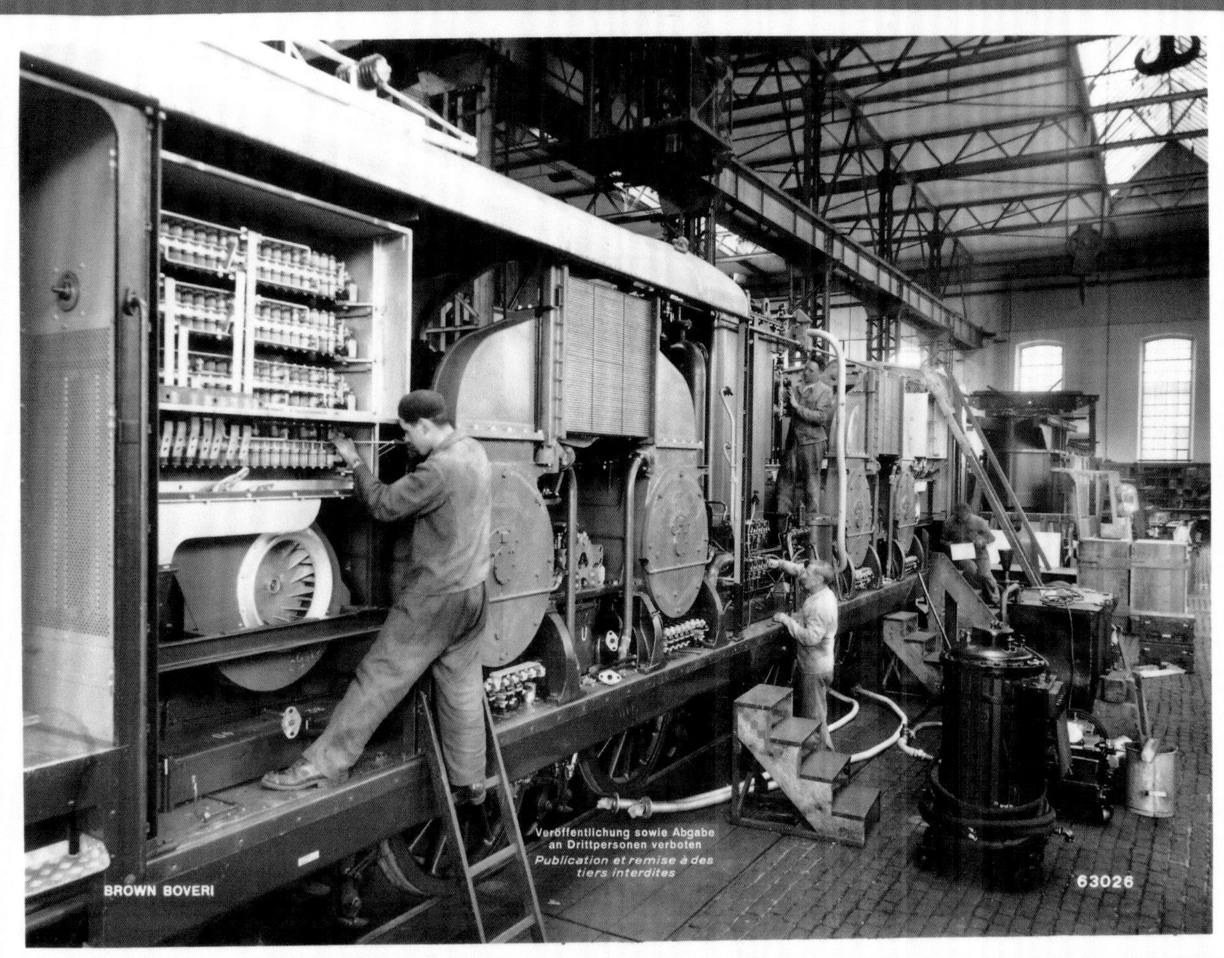

Die Lokomotive Ae 4/6 10806 (MFO, BBC, SAAS und SLM) der SBB von 1945. Lokomotiven wurden während des Zweiten Weltkriegs als kriegswichtig eingestuft, Werkfotografien durften nicht an Dritte weitergegeben werden.

Die Rollmaterialausstellung an der Schweizerischen Landesausstellung 1939 in Zürich war eine Leistungsschau. Links zeigten die SBB die stärkste Lokomotive der Welt und rechts den roten Doppelpfeil.

Die Doppellokomotive Ae 8/14 11852 der SBB von 1939 (MFO, SLM). Weil es noch nicht möglich war, zwei Lokomotiven von einem Führerstand aus zu steuern, verband man zwei Lokomotivteile fest miteinander.

11352

Die Ae 8/14 11852 bei Gurtnellen zieht einen Zug über den Gotthard. Bei den Führern war die Lokomotive nicht sehr beliebt. Sie nannten sie die stärkste, lärmigste und dreckigste Lok der Welt.

Die Lokomotive Ae 4/6 10806 der SBB von 1942 (MFO, BBC, SAAS und SLM). Diese Lokomotive war der Abschluss der Konstruktion von Lokomotiven mit einem festen Rahmen und zusätzlichen Laufachsen.

Der Trolleybus statt das Tram

Mitte der 1920er-Jahre erreichte das Schweizer Tramnetz mit knapp 500 Kilometer Länge die grösste Ausdehnung in seiner Geschichte.[53] Bereits in den 1930er-Jahren kündigte sich aber ein Paradigmenwechsel an. Die damaligen Städtebauer begannen mit der Planung der autogerechten Stadt. Unterbrochen wurde diese Euphorie allerdings jäh vom Treibstoffmangel während des Zweiten Weltkriegs. In den 1930er-Jahren sahen die Trambetriebe vor allem das Velo als Hauptkonkurrenten an. Die individuelle Fahrt vom Wohnort zum Arbeitsplatz wurde wegen der schwierigen finanziellen Verhältnisse von vielen Bürgern oft mit dem Fahrrad unter die Pedale genommen. Nach dem Ende des Kriegs stellte sich vor allem in den mittelgrossen Städten die Frage, ob die veraltete Traminfrastruktur erneuert werden sollte. Es bestand ein grosser Bedarf an neuem Rollmaterial. Der Trambetrieb in der Schweiz wurde hauptsächlich mit 50-jährigen, zweiachsigen Tramwagen abgewickelt.

Mittelgrosse Städte wie Schaffhausen, Luzern und Zug liessen Gutachten darüber erstellen, ob das Tramnetz erneuert oder gar auf Trolley- oder Busverkehr umgestellt werden sollte. 1948 kam Direktor Kühne im Geschäftsbericht der Elektrische Strassenbahnen im Kanton Zug (ESZ) auf Grund eines Fachgutachtens zum Schluss, dass «nach Berücksichtigung aller Vor- und Nachteile der einzelnen Transportarten […] für die zugerischen Verhältnisse die Bahn das Geeignetste sei, unter der Voraussetzung, dass Unter- und Oberbau erneuert, möglichst auf ein eigenes Trassee verlegt und der Betrieb modernisiert werde».[54] Die sinnvolle, aber radikal anmutende Forderung der Gesamterneuerung des Zuger Tramnetzes musste zum Zeitpunkt der wieder auflebenden Autoeuphorie zwangsläufig gegen den Ausbau des Trams sprechen. In der Stadt Luzern kam eine Untersuchung von 1945 zum Schluss, dass sich eine Investition in den Trambetrieb lohnen würde. Allerdings wurde vorausgesetzt, dass eine Investition in die Gleisinfrastruktur noch nicht nötig und ein Ersatz des Rollmaterials günstiger war als eine teurere Umstellung auf Trolleybus, der zudem auch kapazitätsmässig Nachteile mit sich bringen würde. In den 1950er-Jahren drehte der Wind. Man kam zum Schluss, dass «bei den in der Stadt Luzern bestehenden Strassenverhältnisse […] das Tram zweifellos ein grösseres Verkehrshindernis [ist] als der Bus».[55] Die Schweizer Industrie bot mittlerweile auch Trolleybusse an, die eine vergleichbare Kapazität ermöglichten wie die veralteten Tramwagen.

Ein gewichtiges Argument war, dass man damit die Investition für den Unterbau nicht mitfinanzieren musste. Von starker symbolischer Bedeutung war zudem die Zurückstufung des öffentlichen Verkehrs. Das Tram war und ist dem Eisenbahngesetz (EGB) unterstellt und hat somit Vortritt vor dem übrigen Verkehr. Der Busbetrieb ist gemäss Strassenverkehrsgesetzgebung nur einer von vielen Verkehrsteilnehmern und hat aus diesem Grund keinen Vortritt. In den mittelgrossen Städten wurde der Tramverkehr aufgehoben. Es kamen Trolley- oder Dieselbusse zum Einsatz. In der Schweiz wurden im Vergleich mit dem Ausland relativ wenige Überlandbahnen stillgelegt. Dies war vor allem bei Überlandbahnen wie der rechtsufrigen Thunerseebahn Steffisburg–Thun–Interlaken (STI), der Sernftalbahn (SeTB) oder den verschiedenen Schmalspurbahnen im Tessin der Fall, deren Trassee vielfach in die Strasse verlegt war. In den grossen Städten lohnte sich wegen der grösseren Verkehrsdichte die Investition in den Tramverkehr weiterhin. Bei der Umstellung auf Busbetrieb blieben Genf und Lausanne bei den grösseren Städten Ausnahmen. In Genf bestand das Tramnetz aus vielen Linien mit relativ geringem Verkehrsaufkommen, denn es erschloss den gesamten Kanton. Die Stadt Lausanne war mit ihrer Hanglage für einen Tramverkehr nur beschränkt geeignet.

Der Tramwagen Ce 2/4 160 der Companie Genevoise des Tramways Electrique (CGTE) von 1920 (SAAS, SIG). Das Genfer Tramnetz war das grösste der Schweiz. Bis 1969 verschwanden mit einer Ausnahme alle Tramlinien.

Der Tramwagen Ce 2/2 26 der Zürich-Oerlikon-Seebach-Linie (ZOS) von 1921 (MFO, SWS). 1897 gründete die MFO diese Tramgesellschaft. Ihre Arbeiter konnten so von weiter weg zum Arbeitsplatz gelangen.

Der Trolleybus 2 der Tramway Lausanne (TL) von 1932 (BBC, FBW, SWS). Lausanne war die erste Stadt der Schweiz, die Trolleybusse einsetzte. Die erste Linie führte vom Bahnhof an den See in Ouchy.

Der Trolleybus 10 der Basler Strassenbahn (BStB) von 1941 (BBC, FBW, Hess). In diesem Jahr stellte die BStB die Buslinie Claraplatz-Hörnli wegen Treibstoffmangel auf elektrischen Betrieb um.

Der Führerstand des Ce 4/4 357. Die StStZ bestellte zwei moderne Tramtypen. Derjenige der MFO wurde mit einer Kurbel beschleunigt und gebremst. Der Typ der BBC dagegen hatte zwei Pedale.

Der Tramwagen Ce 4/4 357 der Städtischen Strassenbahn Zürich (StStZ) von 1940 bis 1945 (MFO, SWS). Die selbsttragenden Wagenkasten waren Vorlage für die Entwicklung eines schweizweit einheitlichen Trams.

OERLIKON
P 46528

Der Fahrgastraum des Ce 4/4 357. Beim Billettverkauf führte die StStZ als Erste in der Schweiz das Fahrgastflusssystem ein. Die Fahrgäste stiegen hinten ein und kauften die Billette am Schalter neben der Türe.

Der Elektro-Gyrobus von 1950 (MFO, FBW). 1950 testete ihn die MFO in Yverdon. Er wurde von der Energie eines rotierenden Schwungrads angetrieben. Alle vier bis sechs Kilometer musste das Schwungrad wieder beschleunigt werden.

Die Nachkriegsjahre

Nach dem Zweiten Weltkrieg, im Jahr 1947, wurden die SBB von den Schulden der Verstaatlichung, der nicht abgegoltenen Leistungen während des Ersten Weltkriegs und der Elektrifizierung entlastet. Der Nachteil war, dass sich die SBB nicht mehr verschulden durften. Eine Modernisierung und ein weiterer Ausbau waren nur noch im Rahmen der Abschreibungen möglich.[56] Die Zukunft des Verkehrs sollte sich auf der Strasse abwickeln. Die Wirtschaft und damit auch der Verkehr begannen wenige Jahre nach dem Ende des Kriegs wieder rasant zu wachsen. Die Verkehrsleistung der SBB nahm stark, die der Privatbahnen moderat zu. Wegen der grösseren Betriebseinnahmen konnten vor allem die SBB weiterhin investieren. Die Privatbahnen wuchsen weniger stark, weil sie zumeist strukturschwache Regionen erschlossen, für die sie aber wichtig waren. Der Bedeutungsverlust des öffentlichen Verkehrs ist nur insofern korrekt, weil der Strassenverkehr viel stärker wuchs. 1957 drückte es der ETH-Professor für Verkehrsplanung Kurt Leibbrand (1914–1985) so aus: «Die Eisenbahn pfeift nicht aus dem letzten Loch, sondern ihr Verkehr nimmt stetig und stark zu.»[57] 1957 löste der Bund die engen Entwicklungsmöglichkeiten der SBB und beschloss eine Erhöhung der festverzinslichen Schulden. Die SBB konnten den technischen Ausbau ihrer Anlagen und des Rollmaterials stark forcieren. Ein Jahr später trat auch das Privatbahngesetz in Kraft, wonach der technische Unterhalt und die Erneuerung der Privatbahnen durch den Bund, die Kantone und Gemeinden gesichert werden sollten.[58] Wurden damals beim Aufbau einer Bahngesellschaft jedes Mal die Transportpflicht und die Minderung der wirtschaftlichen Nachteile der Randregionen erfolgreich in die Waagschale geworfen wurden, um die gesetzliche Unterstützung zu erhalten, kam Ende des 20. Jahrhunderts der Umweltschutz als zusätzliches Argument dazu, was im Leistungsauftrag von 1987 und in der Revision des Eisenbahngesetzes von 1995 seinen Niederschlag fand. Die SBB erhielten mehr unternehmerische Freiheiten. Gemeinwirtschaftliche Leistungen galten und gelten der Bund und die Kantone ab. So viel Verkehr wie möglich soll mit dem platzsparenden und ökologischen Schienenverkehr bewältigt werden. Das Ausbauprogramm Bahn 2000 wurde realisiert, 2007 wurde der Lötschberg-, 2016 der Gotthardbasistunnel eröffnet, und in den meisten Stadtregionen wurde ein leistungsfähiges S-Bahn-Netz in Betrieb genommen. Weitere wichtige Ausbauschritte folgen.

Das grosse Verkehrswachstum während und nach dem Zweiten Weltkrieg und die ab 1957 verbesserte Möglichkeit der Finanzierung lösten einen grossen technischen Entwicklungsschub und Bestellungen von neuem Rollmaterial zum Teil in grossen Serien aus. Die BLS bestellte bei der Lokomotivindustrie noch während des Kriegs vierachsige Drehgestelllokomotiven mit einer Leistung von 4000 PS und einem Gewicht von 80 Tonnen. Eine solche Lokomotive würde nicht mehr über zusätzliche Laufachsen verfügen und darum den Energieverbrauch minimieren. Die Lokomotivindustrie lehnte die Vorgaben als unrealistisch ab. Das Risiko sei unverantwortlich gross. Friedrich Volmar (1875–1945), der Direktor der BLS, beharrte jedoch auf ihnen. Schliesslich machten sich die BBC und die SLM an die Arbeit und lieferten 1944 zwei Lokomotiven des Typs Ae 4/4, die diese Vorgaben erfüllten. Wie bei den Leichttriebwagen der 1930er-Jahren baute die SLM einen selbsttragenden Kasten und Drehgestelle mit verschweissten Rahmen. Die BBC entwickelte neue und leichtere Transformatoren und Motoren sowie einen Scheibenantrieb, der im Drehgestell Platz fand. Die Lokomotiven bewährten sich. Die BLS schuf in Zusammenarbeit mit der BBC und der SLM das Vorbild für die in der Folge gebauten europäischen Lokomotiven. Dieser Entwicklungsschub, den die BLS 1944 initiiert hatte, war nur der Anfang. 1946 folgten die SBB mit der leichten Schnellzugslokomotive Re $4/4^{I}$ und 1947 die RhB mit der Ge $4/4^{I}$, beide waren nach denselben Prinzipien konstruiert. Die neuen Lokomotiven waren nicht nur leistungsfähiger, sondern auch im Betrieb viel günstiger. Im Jubiläumsbuch «75 Jahre BBC» von 1966 wurde stolz vermerkt, dass die ab 1952 gelieferten Ae 6/6 der SBB nur noch alle 2,4 Millionen Fahrkilometer eine Generalrevision benötigten und die Unterhaltskosten um mehr als zwei Drittel hätten gesenkt werden können.[59] Die ab 1964 in einer Serie von knapp 300 Lokomotiven des Typs Re $4/4^{II\text{ und }III}$ von der SBB und 35 Re 4/4 von der BLS bestellten Lokomotiven hatten noch einmal ein über 50 Prozent höheres Leistungsvermögen als die Ae 4/4 von 1944. Die Re $4/4^{II}$ war die letzte Lokomotive, die von der BBC, der MFO und SAAS gemeinsam entwicklelt und gebaut wurde. Die drei Firmen hatten vom Nachkriegsboom profitiert, der sich im Bereich Kraftwerkbau langsam abzuflachen begann. Dies war vor allem für die kleineren Betriebe, MFO und SAAS, schwierig, da sie zum grösseren Teil für das Inland produzierten. In den 1960er-Jahren übernahm die BBC ihre beiden Konkurrenten.[60] Der Abschluss der Entwicklung des Lokomotivbaus wurde in der Schweiz in den 1990er-Jahren mit der 119 Re 460 der SBB und der 18 Re 465 der BLS besiegelt. Aufträge blieben aus, und der Export der teuren, (zu) perfekten Hochleistungslokomotive gelang nur vereinzelt. Sie entsprach nicht den Bedürfnissen der meisten Bahnen. Zudem waren die Märkte immer noch stark nach Ländern aufgeteilt, was einen Export in solche mit einer eigenen Industrie schwierig machte. In der schweizerischen Rollmaterialindustrie blieb kein Stein auf dem anderen. Fabriken fusionierten und wurden von ausländischen Firmen gekauft und stillgelegt. Es blieb nur die kanadische Bombardier Transportation übrig, die in der Schweiz Rollmaterial entwickelte und montierte. Aus diesem Desaster zog die Firma Stadler in Bussnang die richtigen Schlüsse. Sie packte die Gelegenheit beim Schopf und übernahm viele engagierte, arbeitslose Rollmaterialingenieure. Mit neuen Konzepten wie Lowcost-Fahrzeugen für Nebenbahnen und einem forcierten Export, bei dem ein grosser Teil der Wertschöpfung im Bestellerland stattfand, überzeugte die Firma. Inzwischen stellt sie sogar wieder Züge, den Giruno, für Prestigelinien der SBB wie den Gotthard-Basistunnel her.

Die Lokomotive Ae 4/4 251 der BLS von 1944 (BBC, SLM). Die Weltneuheit hatte nur noch zwei Drehgestelle, einen selbsttragenden Kasten, leichte und leistungsfähige Motoren sowie einen kompakten Transformator.

Die Lokomotive Ge 4/4[I] 602 «Bernina» der RhB von 1947 (BBC, MFO und SLM). Während des Zweiten Weltkriegs verdoppelte die RhB ihre Transportleistungen. Deshalb bestellte sie 1944 moderne laufachslose Lokomotiven.

Die Lokomotive Re 4/4[I] 401 (BBC, MFO, SAAS und SLM) der SBB mit einem Städteschnellzug in Göschenen. Nachdem die SBB 1936 moderne Leichtstahlwagen mit selbsttragendem Kasten kauften, erhielten sie 1946 auch entsprechende Lokomotiven.

Die Lokomotive Re 4/4[I] 404 der SBB von 1946 bis 1948 (BBC,MFO, SAAS und SLM). Die Lokomotive traf 1947 auf die Spanisch-Brötlibahn von 1847 im Bahnhof Oerlikon, die zum 100-Jahr-Jubiläum durch die ganze Schweiz fuhr.

Die Glassplattensammlung im Verkehrshaus der Schweiz

Claudia Hermann arbeitet seit 2005 als Kuratorin der Sammlungen «Schienenverkehr» und «Verkehrsarchiv» im Verkehrshaus der Schweiz, wo sie auch das Dokumentationszentrum leitet. Zudem ist sie freiberuflich als Kunsthistorikerin, Museologin und Redakteurin tätig. In den letzten Jahren hat sie neben Texten zum Schienenverkehr für das «Verkehrshaus Magazin» verschiedene Fachartikel geschrieben, unter anderem zu Schweizer Modelleisenbahnen der ersten Hälfte des 20. Jahrhunderts.

Das Verkehrshaus der Schweiz ist im Besitz von rund 7800 Glasnegative und Glasdiapositiven. Sie stammen von privaten Sammlern und von Firmen der Schweizer Industrie. Unter Letztere gehören die bedeutenden Sammlungen der ehemaligen Badener Fabrik Brown, Boveri & Cie. (BBC) mit 1750 und der Zürcher Maschinenfabrik Oerlikon (MFO) mit 1930 Negativen, alle im Format von 18 cm × 24 cm.

Dass diese Originale erhalten geblieben sind, ist sehr wertvoll, denn ihre Qualität ist oft bedeutend besser als die davon in neuerer Zeit hergestellten Abzüge. Ende der 1970er-Jahre war die umfangreiche Sammlung der BBC mikroverfilmt worden, und die schweren, fragilen Glasplatten sollten daher als Altglas entsorgt werden. Über den Kontakt eines ehemaligen BBC-Angestellten wurden diejenigen Negative mit dem Thema Schienenverkehr 1996 dem Verkehrshaus übergeben. Dies erfolgte in Kenntnis der ABB, der Rechtsnachfolgerin von BBC.[61] Zum Bildbestand der BBC gehörten auch die ehemaligen Bildnachlässe von Tochterfirmen und aufgelösten Unternehmen wie der Firma Alioth in Basel (1881–1911) oder der MFO (1876–1967).[62]

Sämtliche Aufnahmen sind Zeugnisse der damaligen Werkfotografen, welche bis in die 1980er-Jahre in jeder grossen Schweizer Firma angestellt waren. Bei BBC gab es nach dem Krieg jeweils gleichzeitig bis zu fünf Fotografen und zusätzlich bis zehn Personen im Labor und im Bildarchiv.[63] Der grössere Teil dieser im Verkehrshaus gelagerten Aufnahmen war nicht in den jeweiligen Fabriken aufgenommen worden. Das bedeutet, dass die Fotografen auch viel unterwegs waren, sowohl in der Schweiz als auch im Ausland. Solche Reisen waren körperlich anstrengend, denn die

Das «Propagandabureau» der Maschinenfabrik Oerlikon im Jahre 1951.

gesamte Foto- und Beleuchtungsausrüstung musste mitgenommen werden. Die von den BBC-Fotografen bis Ende der 1950er-Jahre verwendete 18×24-Zentimeter-Holzkamera wog mit Stativ und Filmbehältern zwischen 30 und 35 Kilogramm.[64] Dazu kamen die Bildträger aus Glas, was die Ausrüstung noch schwerer machte.

Trotz dieses persönlichen Einsatzes für die Aufnahmen ist bei den Fahrzeugaufnahmen keine bildnerische Handschrift eines einzelnen Werkfotografen erkennbar. Die Fotos sind nüchtern-sachlich gehalten und zeigen eine wissenschaftliche Seriosität und Solidität. Sie sind einheitlich scharf, besitzen ausgeglichene Tonwerte und wahren die Proportionen.[65] Die Fotografen beanspruchten ein wissenschaftlich-methodisches Vorgehen, um die technologische Entwicklung einer Lokomotive oder überhaupt der neuen elektrischen Fahrzeuge zu zeigen.[66] So machten die MFO-Fotografen um 1904 über hundert Aufnahmen von den neu entwickelten Einphasenwechselstrom-Lokomotiven auf der Teststrecke zwischen Seebach und Wettingen, wo sie so akribisch die verschiedenen Stellungen der Stromabnehmer dokumentierten.

Die Werkfotografen waren Teil eines ganzen Vermarktungsprozesses innerhalb der Firma. Die einzelnen Abteilungen gaben bei ihnen Aufnahmen in Auftrag. Diese versahen sie dann mit einer kurzen inhaltlichen Beschreibung.[67] Die Negative wurden zentral im Bildarchiv der Firma gelagert und chronologisch in der Reihenfolge ihres Eingangs ins Bildarchiv nummeriert. Ursprünglich waren die Glasnegative in Hüllen eingepackt, worauf die Nummer und ab und zu auch das Aufnahmedatum sowie das Bildthema vermerkt waren. Solche Hüllen sind sowohl vom Bestand der BBC wie auch der MFO grösstenteils erhalten: Auf den Couverts ist zudem eine Blaupause zum schnellen Erkennen des Bildthemas aufgeklebt. Blaupausen oder

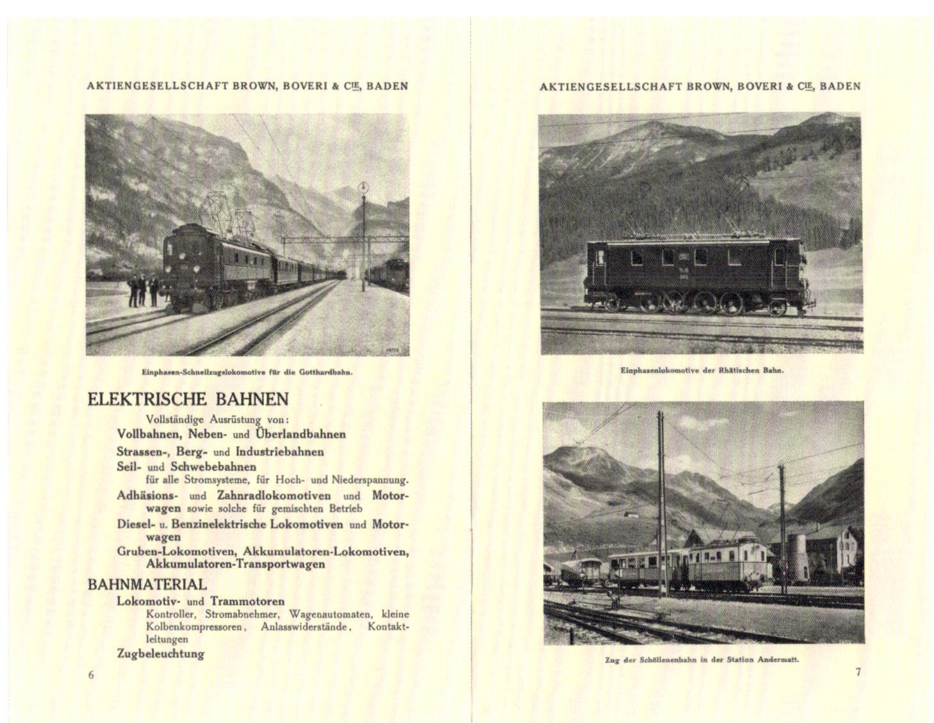
AKTIENGESELLSCHAFT BROWN, BOVERI & CIE, BADEN

Einphasen-Schnellzugslokomotive für die Gotthardbahn.

ELEKTRISCHE BAHNEN

Vollständige Ausrüstung von:

Vollbahnen, Neben- und **Überlandbahnen**

Strassen-, Berg- und **Industriebahnen**

Seil- und **Schwebebahnen**

für alle Stromsysteme, für Hoch- und Niederspannung.

Adhäsions- und **Zahnradlokomotiven** und **Motorwagen** sowie solche für gemischten Betrieb

Diesel- u. **Benzinelektrische Lokomotiven** und **Motorwagen**

Gruben-Lokomotiven, Akkumulatoren-Lokomotiven, Akkumulatoren-Transportwagen

BAHNMATERIAL

Lokomotiv- und **Trammotoren**

Kontroller, Stromabnehmer, Wagenautomaten, kleine Kolbenkompressoren, Anlasswiderstände, Kontaktleitungen

Zugbeleuchtung

6

AKTIENGESELLSCHAFT BROWN, BOVERI & CIE, BADEN

Einphasenlokomotive der Rhätischen Bahn.

Zug der Schöllenenbahn in der Station Andermatt.

7

Werbung für elektrische Bahnen im Prospekt der Brown, Boveri & Cie. vom März 1920.

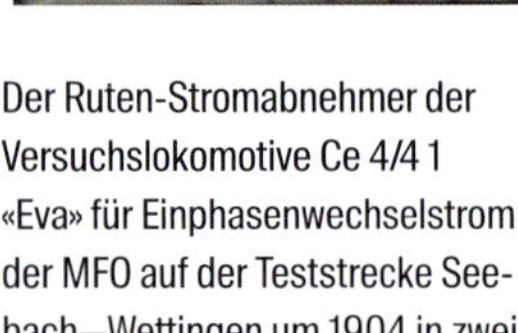
Der Ruten-Stromabnehmer der Versuchslokomotive Ce 4/4 1 «Eva» für Einphasenwechselstrom der MFO auf der Teststrecke Seebach–Wettingen um 1904 in zwei Testserien.

Cyanotypien waren damals gebräuchliche, einfach und günstig herzustellende Kontaktkopien auf Papier.[68]

Die meisten Negative sind Vorprodukte für die Fotoabzüge: Insbesondere Hintergründe von Fahrzeugen oder Einzelteilen wurden oft retuschiert oder freigestellt, wobei auf der Rückseite der Negative entlang der Fahrzeugkonturen der Bildhintergrund mit roter Farbe abgedeckt wurde.[69] Von stark nachgefragten, mit aufwändigen Freistellungen versehenen Bildern wurden auch Negativkopien mit bereits integrierten Retuschen hergestellt, beispielsweise vom Krokodil (Ce $6/8^{III}$).

Das eigentliche Erscheinungsbild wurde vom «Propagandabureau» – die einstige Bezeichnung für die Werbeabteilung – geschaffen. Die Fotografien dienten in erster Linie Werbezwecken. Weiter zur Illustration der Verkaufsunterlagen, Geschäftsberichte, Dokumentationen und Firmenzeitschriften sowie für Messestände an Ausstellungen.[70] Sowohl die MFO als auch die BBC dokumentierten mit ihren Werkfotos ihre Produkte – vom Einzelfahrzeug bis zum präzisen Detail – und hielten mit ihren bebilderten Bulletins den Kontakt zu ihren Kunden aufrecht. Die Bilder gaben den Unternehmen auch ein Gesicht nach aussen und wurden so Teil der Firmenkultur; sie demonstrierten ihr Selbstverständnis.[71] Oder die neue Errungenschaft der Elektrifizierung wurde in alter Umgebung inszeniert wie auf der BBC-Aufnahme

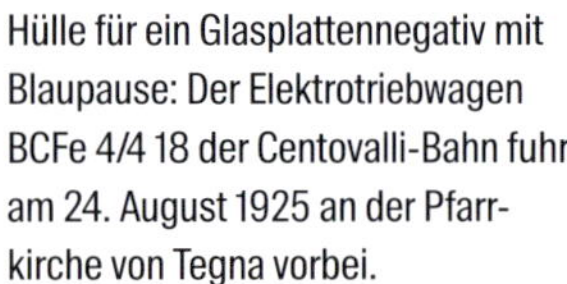
Hülle für ein Glasplattennegativ mit Blaupause: Der Elektrotriebwagen BCFe 4/4 18 der Centovalli-Bahn fuhr am 24. August 1925 an der Pfarrkirche von Tegna vorbei.

der Centovalli-Bahn am 24. August 1925: Das elektrische Triebfahrzeug fährt – ohne Dampf und Russ – nahe am barocken Bauwerk der Pfarrkirche S. Maria Assunta von Tegna vorbei, als sei dies schon immer so gewesen.

Elektrotriebwagen CFe 2/4 1 Aarau-Schöftland-Bahn AS 1919 der BBC und SWS, Gleichstrom. Bei den Probefahrten inszenierte sich der Fotograf mit seiner voluminösen Fotoausrüstung.

Autor

Kilian T. Elsasser schloss sein Studium 1991 mit einem M. A. in Public History an der Northeastern University, Boston (USA), ab. Von 1992 bis 2004 arbeitete er als Leiter Ausstellungen und Mitglied der Geschäftsleitung sowie als Kurator der Ausstellung «Schienenverkehr» im Verkehrshaus der Schweiz. 2004 gründete er die Museumsfabrik. Kilian T. Elsasser organisierte das Symposium «Eine Zukunft für die historische Verkehrslandschaft Gotthard» und leitete die Restaurierung des Leichttriebwagens «Blauer Pfeil» der BLS. Er realisierte Sammlungsinventare und Oral-History-Projekte, Museumskonzepte und Ausstellungen. Zudem war er Autor verschiedener Bücher und Publikationen zum Beispiel von «Der direkte Weg in den Süden – Die Geschichte der Gotthardbahn».

Dank

Als Kurator Schienenverkehr des Verkehrshauses faszinierten mich die Glasnegative der MFO. Mit den von Ralph Schorno übernommenen Glasplatten der BBC besitzt das Museum einen repräsentativen Überblick der Elektrifizierung der Schweizer Bahnen. In mehreren Anläufen versuchte ich bis 2004 mit den beiden Sammlungen erfolglos, eine Ausstellung oder eine Publikation zu initiieren. Unverhofft kam Hans Roth 2018 mit der Frage auf mich zu, ob ich Interesse oder eine Idee für eine Publikation für die Reihe Mobilität des Stämpfli Verlags hätte. Ich danke Dorothee Schneider, Susann Trachsel, Laura Ruf und Hans Roth des Stämpfli Verlags sowie dem Grafiker Stephan Cuber für ihre Begeisterung und das Engagement, das Projekt voranzutreiben. Martin Bütikofer, Daniel Geissmann, Claudia Hermann und Martina Kappeler des Verkehrshauses danke ich für die unkomplizierte und konstruktive Zusammenarbeit, damit ein Ausschnitt der Sammlung der Öffentlichkeit zugänglich gemacht werden konnte. Ein Dank geht auch an Sébastian Jarne, der die Bilder der SAAS zur Verfügung stellte. Damit konnten Bilder des dritten Unternehmens, das in der Schweiz Triebfahrzeuge konstruierte, in die Publikation integriert werden.

Bildnachweis

Verkehrshaus der Schweiz Luzern (BBC)
Titelbild, 4, 19, 22, 26, 27, 31, 34, 35, 46, 49, 50, 55, 58, 64, 65, 66, 67, 86, 87, 88, 89, 90, 91, 92, 93, 108, 109, 116, 117, 122 unten, 123 unten, Umschlagrückseite

Verkehrshaus der Schweiz, Luzern (MFO)
2, 9, 10, 11, 12, 13, 17, 18, 20, 21, 23, 24, 25, 28, 29, 30, 36, 37, 38, 39, 40, 41, 45, 47, 48, 51, 56, 57, 59, 60, 61, 68, 69, 70, 71, 74, 75, 76, 77, 78, 82, 83, 94, 95, 98, 99, 100, 101, 102, 103, 107, 110, 111, 112, 113, 118, 119, 122 und 123 oben

Verkehrshaus der Schweiz, Luzern
120, 121

Sammlung Sébastien Jarne (SAAS)
79, 106

BLS-Archiv
80, 81

Fahrzeugbezeichnungen

	Lokomotiven
R	Geschwindigkeit über 110 km/h
A	Geschwindigkeit über 80 km/h
B	Geschwindigkeit 70 bis 80 km/h
C	Geschwindigkeit 60 bis 70 km/h
G	Meterspurlokomotive
H	Zahnradantrieb
I, II, III	Serie

	Triebwagen
A	Erste Klasse
B	Zweite Klasse
C	Dritte Klasse
F	Gepäckabteil
Z	Postabteil

	Diverses
e	Elektrischer Antrieb
h	Zahnradantrieb
4/6	Angetriebene Achsen/Gesamtzahl Achsen

Literatur

Bärtschi, Hans Peter. *Elektrolokomotiven aus Schweizer Fabriken,* in: Verkehrshaus der Schweiz (Hg.), Kohle, Strom und Schienen. Die Eisenbahn erobert die Schweiz. Zürich 1998. 243–291.

BBC (Hg.). *Brown Boveri 1891–1966.* Baden 1966.

Behn-Eschenburg, Hans. *Zum Stromsystem bei der Elektrifizierung der SBB.* Neue Zürcher Zeitung, 7. Dez. 1915

Belloncle, Patrik. *Das grosse Buch der Lötschbergbahn.* Kerzers 2005.

Bernet, Ralph. *Trams in der Schweiz.* München 2012.

Birbaum, E. *Die Gotthard-Jubiläumsfeier.* SBB Nachrichtenblatt 1932, Nr. 6. 102–107.

Catrina, Werner. *BBC Glanz, Krise, Fusion.* Zürich 1991.

Elsasser, Kilian T. *Die stärkste Lokomotive der Welt,* in: Verkehrshaus der Schweiz (Hg.). Kohle, Strom und Schienen. Zürich 1997. 292–298.

Elsasser, Kilian T. *Schweizer Bahnen für das Schweizer Volk,* in: Heinz von Arx (Hg.). Der Kluge reist im Zuge. Zürich 2002. 67–144.

Elsasser, Kilian T. *Einheimische «weisse», statt deutsche schwarze Kohle,* in: ViaStoria und Kilian T. Elsasser (Hg.) Der direkte Weg in den Süden. Zürich 2007. 87–126.

Elsasser, Kilian T. Thomas Hurschler, Theo Weiss. *Der Blaue Pfeil.* Bern 2014.

Frey, Thomas. *Nur das Beste ist gut genug 1913–1970,* in: Stephan Appenzeller und Kilian T. Elsasser (Hg.). Pionierbahn am Lötschberg. Zürich 2013. 101–166.

Galliker, Hans-Rudolf. *Tramstadt. Verkehrsplanung, öffentlicher Nahverkehr und Stadtentwicklung am Beispiel Zürichs.* Zürich 1997.

Galliker, Hans-Rudolf. *Tramstädte,* in: Verkehrshaus der Schweiz (Hg.). Kohle, Strom und Schienen. Zürich 1998. 107–143.

David, Gugerli, *Von der Krise zur nationalen Konkordanz,* in: Verkehrshaus der Schweiz (Hg.). Kohle, Strom und Schienen, Zürich 1998. 228–242.

Kalt, Robert. *Der Verkehr auf der Gotthardbahn gestern – heute – morgen,* in: Anton, Eggermann (u.a.). Die Bahn durch den Gotthard. Zürich 1981. 216–228.

König, Mario/Zeugin, Bettina. *Die Schweiz der Nationalismus und der zweite Weltkrieg.* Schlussbericht der Unabhängigen Expertenkommission Schweiz – Zweiter Weltkrieg. Zürich 2002.

Kirchhofer, André. *Wettrennen um Verlustabschlüsse? zur «Gemeinwirtschaftlichkeit» der Schweizer Bahnen und ihrer Abgeltung.* Schweizerische Zeitschrift für Geschichte, Vol. 56, Nr. 1 (2006). 57–66.

Lang, Norbert/Wildi, Tobias. *Industriewelt. Historische Werkfotos der BBC 1890–1980.* Zürich 2006.

Luder, W. *Die Elektrifikation der Solothurn-Münster-Bahn, der Emmental-Bahn und der Burgdorf-Thun-Bahn,* Schweizerische Bauzeitung 99/100, 3. Dezember 1932. 299.

Müller, Karl/Angst, W./Tuggener, Jakob. *75 Jahre Maschinenfabrik Oerlikon 1876–1951. Ein Rückblick – den Geschäftsfreunden und Betriebsangehörigen gewidmet.* Hrsg. v. MFO Maschinenfabrik Oerlikon. Zofingen 1951.

Oswald, Gerhard. *Es begann mit einer Pioniertat: 100 Jahre öffentlicher Agglomerationsverkehr im Kanton Zug.* Zug 2004.

Pally, Martin. *Die Elektrifizierung der Bahn als «nationales Ziel». Die Maschinenfabrik Oerlikon im Ersten Weltkrieg,* in: Roman Rossfeld und Tobias Straumann (Hg.). Der vergessene Wirtschaftskrieg. Schweizer Unternehmen im Ersten Weltkrieg. Zürich 2008. 117–147.

Publizitätsdienst SBB, *Die elektrische Gotthard-Linie.* Bern 1932.

Sachs, Hans/Gerber, Franz. *Die elektrischen Triebfahrzeuge,* in: Eidgenössisches Amt für Verkehr (Hg.). Ein Jahrhundert Schweizer Bahnen 1847–1947. Dritter Band. Frauenfeld 1957. 74–188.

Schwabe, Hansrudolf/Amstein, Alex. *3 × 50 Jahre Schweizer Bahnen in Vergangenheit, Gegenwart und Zukunft.* Basel 1997.

Schneeberger, Hans. *Die elektrischen und Dieseltriebfahrzeuge der SBB.* Band 1: Baujahre 1904–1955. Luzern 1995.

Schneeberger, Paul F. *Verkehrsbetriebe der Stadt Luzern.* Luzern 1999.

Stahel, Urs. *Industriefotografie – inszenierte Sachlichkeit,* in: Industriebild. Der Wirtschaftsraum Ostschweiz in Fotografien von 1870 bis heute. Winterthur 1994. 290–305.

Steinmann, Jonas. *Bahnen unter Strom!* Unveröffentlichte Lizentiatsarbeit. Universität Bern 2003.

Steinmann, Jonas. *Weichenstellungen.* Bern 2010.

Stutzer, A. *Elektrifikation am Gotthard. Erinnerungen eines ehemaligen technischen Mitarbeiters.* Nachrichtenblatt SBB, Nr. 11, 1926. 226–227.

Trambahn der Stadt Luzern. *Erster Geschäftsbericht und Jahres-Rechnungen pro 1899 und 1900.* Luzern 1901.

Trüb, Walter. *100 Jahre Elektrische Bahnen in der Schweiz.* Zürich 1988.

Vonèche, Anne. *Das Erscheinungsbild der SBB 1902–1999.* Unveröffentlichte Lizentiatsarbeit. Universität Zürich 1999.

Walker, Daniela. *Heroische Ikone und abstrakte Gebärde. Über die Eisenbahn im Industriebild,* in: Kunst + Architektur in der Schweiz, 1, 1997. 56–61.

Walker, Daniela/Oggenfuss, Daniel. *Die Cyanotypien (Blaukopien) aus dem Fotoatelier der Maschinenfabrik Oerlikon MFO im Verkehrshaus der Schweiz.* Archivausstellung, hrsg. v. Verkehrshaus der Schweiz. Luzern [1998].

Wechsler, Hans. *Von der Kohle zum Strom,* in: Heimatkunde Wiggertal. Bd. 65 (2008). 126–137

Winter, Paul. *Marksteine der Zugförderung am Gotthard,* in: Hans Eggermann u. a. (Hg.). Die Bahn durch den Gotthard. Zürich 1981. 151–214.

Endnoten

1 Gugerli, 304
2 Gugerli, 308
3 Trüb, 20
4 Galliker 1998, 117
5 Galliker 1997, 62
6 Schwabe, 196
7 Schneeberger, 28
8 Galliker 1997, 118
9 Galliker 1998, 123
10 Galliker 1997, 119
11 Gugerli, 228 ff.
12 Gugerli, 234
13 Protokoll der 10. Sitzung der Gesamtkommission vom 22. Dezember 1906 in Olten, in: BAR E 8100 A Bd 14 Dossier Verschiedenes 1899–1909
14 Steinmann 2003, 48
15 Brief betreffend Vergebung von Lokomotiven und Maschinen vom 12. Juli 1919 der BBC an die Generaldirektion SBB (Infothek GD GS SBB 43 43 48)
16 Bärtschi, 248
17 Gugerli, 238
18 Pally, 119
19 Elsasser 2007, 90
20 Elektr. Betrieb Erstfeld-Bellinzona. Ästhetik der Fahrleitung, in: SBB Historic. SBB GD BAU KW 90 023
21 Schlusssätze und Anträge o. Datum, in: SBB Historic GD BAU SBB KW 90 023
22 Generaldirektion. Bericht und Kreditbegehren betr. die Einführung der elektrischen Zugförderung auf der Strecke Erstfeld-Bellinzona vom 23. August 1913. in: SBB Historic. GD BAU SBB KW 90 022. S. 17
23 o. Autor. Zur Elektrifizierung der Schweizerbahnen, Neue Zürcher Zeitung, 4. Nov. 1915
24 Behn-Eschenburg 1915
25 Kalt, 220
26 S. 149. Protokoll der 8. Sitzung Verwaltungsrat SBB, 18. Feb. 1916, in: SBB Historic GD BAU SBB KW 91 243
27 Walter Boveri, Brief an die GD SBB, 21. Juli 1916, in: SBB Historic. GD GS SBB 43 48
28 Emil Huber-Stockar, Replik zum Brief von Walter Boveri an die GD SBB, 21. Juli 1916, in: SBB Historic. GD GS SBB 43 48
29 o. Autor. Auf dem Weg zur Elektrifizierung der Bundesbahnen. Neue Zürcher Zeitung, 6. Nov. 1913
30 Stutzer, 227
31 Pally, 144 ff.
32 Baudepartement SBB, Anfrage an das Elektrifizierungsbüro, 2. Nov. 1917, in: SBB Historic, GD GS SBB KW 90 013
33 Emil Huber-Stockar, Stellungnahme zum Programm für die Einführung des elektrischen Betriebs auf dem Bundesbahnnetz, in: SBB Historic, GD GS SBB KW90 013
34 Verordnung betreffend Berechnung und Untersuchung der eisernen Brücken und Hochbauten der der Aufsicht des Bundes unterstellten Transportanstalten vom 7. Juni 1913, in: SBB Historic SBB VI PAS 002 07
35 Über die Elektrifizierung der Strecke Erstfeld-Bellinzona. O. Datum, in: SBB Historic, GD BAU SBB KW 90 013
36 Brown, Boveri & Cie., Baden, Klage wegen ungenügender Berücksichtigung bei Vergebungen, 1919, in: SBB Historic, GD GS SBB43 048 02
37 Bärtschi, 243 ff.
38 Winter, 187
39 Vonèche, 44
40 Birbaum, 102 ff.
41 Belloncle, 244
42 Frey, 102
43 Elsasser/Hurschler/Weiss, 6 ff.
44 Kirchhofer, 60
45 Luder, 299
46 Schwabe, 307
47 Wechsler, 127
48 Schwabe, 367
49 Elsasser, 292 ff.
50 Schwabe, 346
51 Steinmann 2003, 134
52 König und Zeugin, 230 ff.
53 Galliker 1997, 123
54 Oswald, 74
55 Galliker 1997, 136
56 Schwabe, 316
57 Steinmann 2010, 63
58 Schwabe, 317
59 BBC 94
60 Catrina, 124
61 Verkehrshaus der Schweiz, Luzern, Nachweisakten-Dossiers VA-97 (BBC) und VA-13437 (MFO)
62 Lang/Wildi 2006, 10.
63 Lang/Wildi 2006, 7 f.
64 Lang/Wildi 2006, 9
65 Walker 1997, 58
66 Walker/Oggenfuss 1998, 2 f.
67 Zu BBC s. Lang/Wildi 2006, S. 8; zu MFO s. Müller/Tuggener 1951, 19–24
68 Walker/Oggenfuss 1998, 3
69 Walker 1997, 57; Stahel 1994, 296
70 Lang/Wildi 2006, 8
71 Lang/Wildi 2006, 11; z. B. Schautafeln VA-14606 – VA-14609 (MFO 19739 – MFO 19742)

Folgenden Institutionen und Sponsoren danken wir herzlich

LITRA Informationsdienst für den öffentlichen Verkehr
Verband öffentlicher Verkehr
SWISSLOS/Kulturförderung, Kanton Graubünden
Bildungs- und Kulturdepartement Kanton Luzern, Kulturförderung
Verkehrshaus der Schweiz
Jungfraubahnen Management AG
ENOTRAC AG, Engineering & Consulting

Impressum

Bibliografische Information der Deutschen Nationalbibliothek: www.dnb.de.

Fachlektorat	Hans Roth, Stämpfli Verlag AG, Bern
Korrektorat	Stämpfli Verlag AG, Bern
Gestaltung	Stephan Cuber, diaphan gestaltung, Bern
Umschlagsbild vorne	Die SBB Ae 3/6[I] der BBC ist eine Schnell- und Personenzuglokomotive für den Einsatz im Flachland, hier auf dem Puidoux-Viadukt.
Umschlagsbild hinten	Die Lokomotive Ae 4/4 251 der BLS von 1944 (BBC, SLM). Im Auftrag der BLS schufen die BBC und die SLM das Vorbild für den zukünftigen Lokomotivbau weltweit.

ISBN 978-3-7272-6111-4